农作物秸秆
综合利用

胡明阁　主编————

中国农业科学技术出版社

图书在版编目（CIP）数据

农作物秸秆综合利用／胡明阁主编．—北京：中国农业科学
技术出版社，2015.1

ISBN 978-7-5116-1983-9

Ⅰ.①农… Ⅱ.①胡… Ⅲ.①秸秆-综合利用 Ⅳ.①S38

中国版本图书馆 CIP 数据核字（2015）第 009666 号

责任编辑　徐　毅
责任校对　贾晓红

出 版 者　中国农业科学技术出版社
　　　　　北京市中关村南大街 12 号　邮编：100081
电　　话　(010)82106631(编辑室)　　(010)82109702(发行部)
　　　　　(010)82109709(读者服务部)
传　　真　(010)82106631
网　　址　http://www.castp.cn
经 销 者　各地新华书店
印 刷 者　北京华忠兴业印刷有限公司
开　　本　850mm×1168mm　1/32
印　　张　3.625
字　　数　100 千字
版　　次　2015 年 1 月第 1 版　2015 年 1 月第 1 次印刷
定　　价　12.00 元

《农作物秸秆综合利用》
编写人员

主　　编　胡明阁

副 主 编　张　凯

编写人员（以姓氏笔画为序）

尹　燕　　刘　岢　　刘建杰

杨宏宪　　李　静　　汪晓峰

张　凯　　张　艳　　赵剑平

胡明阁　　柴　杰　　徐源畅

黄晓燕　　鲁　涛　　裴晓蔚

前　言

　　农作物秸秆是农业生产的副产品，也是重要的农业资源。农作物光合作用的产物约有一半多存在于秸秆中，其中含有丰富的有机质和氮、磷、钾、钙、镁、硫等多种养分，秸秆也是一项重要的生物质资源，可用作肥料、饲料、燃料及工业生产的原料等。推进农作物秸秆综合利用，既可缓解农村肥料、饲料、能源和工业原料的紧张状况，又可保护农村生态环境，促进农业农村经济可持续协调发展。反之，农作物秸秆则可能变成社会的负担。特别是随着农村经济的发展和农民生活水平的提高，广大农村对秸秆作为传统生活燃料的需求减少，加之秸秆的分布零散、体积大、收集运输成本高、利用的经济性差和产业化程度低等原因，导致大量剩余秸秆难以处理。为了赶农时、图方便，许多农民采取了在田间焚烧的方式处理秸秆，不仅严重浪费了宝贵的资源，而且造成了大气污染、土壤矿化、火灾多发和引发交通事故等大量的社会、经济、生态问题，已成为政府关心、社会关注的热点和难点。因此，搞好农作物秸秆综合利用，对于缓解资源约束、减轻环境压力、维持农业生态平衡，都具有重要意义。

　　我国是一个农业大国，每年农作物秸秆产量很大，弃之为废，焚之为害，用之为宝。2008 年，国务院办公厅印发了《关于加快推进农作物秸秆综合利用的意见》（国办发〔2008〕105号）；国家发展改革委、农业部于 2009 年下发了《关于编制秸秆综合利用规划的指导意见的通知》（发改环资〔2009〕378号）；2011 年，国家发展改革委、农业部、财政部 3 部门又联合印发了《"十二五"农作物秸秆综合利用实施方案》（发改环资

〔2011〕2615号）；2014年，国家发展改革委办公厅、农业部办公厅印发了《秸秆综合利用技术目录（2014）》（发改办环资〔2014〕2802号）。以上文件详尽提出了农作物秸秆综合利用的指导思想、总体目标、基本原则以及重点领域、重点工程和重点技术。根据国家有关部门要求，近几年来，各地都制定采取有效措施，禁止焚烧秸秆，积极开展综合利用，取得了显著成效。

为了进一步抓好秸秆禁烧与综合利用工作，我们组织信阳市农业部门专业技术人员编写了《农作物秸秆综合利用》一书，主要内容包括农作物秸秆资源与利用现状，综合利用的指导思想、总体目标、基本原则、重点领域、重点技术与保障措施，文后并附国家及发改委、农业部等部门近年来关于农作物秸秆综合利用的政策文件，供各级农业部门、相关企业人员和广大农民朋友参考使用。本书编写过程中，得到了河南省农业厅、信阳市农业局等单位有关专家与专业技术人员的指导、支持，并参阅了国内有关研究成果和经验，在此一并致谢。由于编者水平有限和时间仓促，文中不当之处，敬请批评指正。

编　者

2015年1月

目　　录

第一章　农作物秸秆资源与利用现状……………………………… 1

　　第一节　农作物秸秆资源量……………………………………… 1

　　第二节　农作物秸秆资源利用现状……………………………… 2

　　第三节　当前农作物秸秆资源利用存在的主要问题…………… 4

第二章　农作物秸秆综合利用的指导思想、基本原则与总体

　　　　　目标………………………………………………………… 6

　　第一节　指导思想………………………………………………… 6

　　第二节　基本原则………………………………………………… 6

　　第三节　总体目标………………………………………………… 7

第三章　农作物秸秆综合利用的重点领域………………………… 8

　　第一节　秸秆肥料化利用………………………………………… 8

　　第二节　秸秆饲料化利用………………………………………… 8

　　第三节　秸秆基料化利用………………………………………… 8

　　第四节　秸秆原料化利用………………………………………… 9

　　第五节　秸秆能源化利用………………………………………… 9

第四章　农作物秸秆综合利用重点技术…………………………… 10

　　第一节　秸秆收集处理体系……………………………………… 10

　　第二节　秸秆肥料化利用技术 ………………………………… 12

　　第三节　秸秆饲料化利用技术 ………………………………… 24

　　第四节　秸秆能源化利用技术 ………………………………… 32

　　第五节　秸秆基料化利用技术 ………………………………… 44

　　第六节　以秸秆为原料的加工业利用技术 …………………… 50

第五章 农作物秸秆综合利用保障措施 …………………… 59

　第一节　组织领导保障 …………………………………… 59

　第二节　政策保障 ………………………………………… 60

　第三节　技术保障 ………………………………………… 61

　第四节　社会保障 ………………………………………… 61

附录一　国务院办公厅关于加快推进农作物秸秆综合利用的
　　　　意见 ……………………………………………… 63

附录二　发展改革委　农业部关于印发编制秸秆综合利用
　　　　规划的指导意见的通知 ………………………… 69

附录三　国家发展改革委、农业部、财政部关于印发"十二
　　　　五"农作物秸秆综合利用实施方案的通知 ………… 82

附录四　国家发展改革委办公厅农业部办公厅关于印发
　　　　《秸秆综合利用技术目录（2014）》的通知 ………… 93

第一章 农作物秸秆资源与利用现状

第一节 农作物秸秆资源量

我国是一个农业大国，近年来粮食连年丰收，2010 年产量 5.5 亿吨，2013 年突破 6 亿吨。2010 年全国农作物秸秆理论资源量为 8.4 亿吨，可收集资源量约为 7 亿吨。秸秆品种以水稻、小麦、玉米等为主。其中，稻草约 2.1 亿吨，麦秸约 1.5 亿吨，玉米秸约 2.7 亿吨，棉秆约 2 600 万吨，油料作物秸秆（主要为油菜和花生）约 3 700 万吨，豆类秸秆约 2 800 万吨，薯类秸秆约 2 300 万吨。我国的粮食生产带有明显的区域性特点，辽宁、吉林、河南等 13 个粮食主产省（区）秸秆理论资源量约 6 亿吨，占全国秸秆理论资源量的 70% 以上。

信阳市位于河南省南部，是一个农业大市。2013 年农作物播种面积为 122.9 万公顷，粮食作物产量 586.0 万吨（其中，水稻 415.9 万吨、小麦 145.6 万吨、玉米 14.7 万吨、豆类 1.7 万吨、红薯 8.0 万吨），油料作物产量 64.8 万吨，棉花 0.1 万吨。根据农作物产量及谷草比系数计算，2013 年信阳市主要农作物秸秆理论产生量为 785.9 万吨，其中，小麦 204.2 万吨、水稻 415.9 万吨、玉米 29.3 万吨、豆类 2.5 万吨、红薯 4 万吨、油料作物 129.6 万吨、棉花 0.4 万吨。

第二节　农作物秸秆资源利用现状

以信阳市为例。目前，农作物秸秆利用途径主要有直接还田或堆沤做肥料、氨化或粉碎做饲料、收集做燃料、生产板材做原料、生产食用菌做基料等，其余废弃或焚烧。据统计，2013年全市可收集秸秆量约为550万吨，综合利用量约180.2万吨，占作物可收集利用量的32.8%。

1. 饲料化利用

信阳市把秸秆饲料化作为发展畜牧业的重要环节，重点发展秸秆青贮、氨化、微贮，大力推进秸秆饲料深加工和高效利用，促进全市畜牧业发展。2013年，秸秆饲料化利用约60万吨，占可收集秸秆的11%。息县项店镇天淦奶牛场利用玉米秆青贮养牛，养殖奶牛规模1 000头。罗山县莽张乡蔡义养殖场利用玉米秆青贮养殖肉牛规模500头。

2. 肥料化利用

近年来，信阳市大力推广秸秆机械化粉碎还田，积极发展秸秆堆肥还田、过腹还田等，努力推动生态农业的发展。2013年，信阳市秸秆肥料化利用约88万吨，占可收集秸秆的16%。息县路口乡金城农机专业合作社购置秸秆还田机60多台，在小麦、水稻、玉米等农作物收割后对田里的秸秆进行机械化粉碎还田，覆盖周边6个乡镇，每年作业面积达1万多公顷，示范效果较好。淮滨县张里乡一农机户购买玉米收获—秸秆还田一体机10多台，小麦、水稻收割—秸秆还田一体机30多台，在本乡机收0.2万公顷农作物秸秆，全部实现了就地还田，从根本上解决了该乡秸秆的出路问题。信阳市禾牧源生态农业有限公司于2012年建设了1 000立方米大型沼气工程，以养殖场猪粪为原料，年生产沼气16.5万立方米，除发电和给用户供气外，生产的沼渣加入秸秆生产生物有机复合肥,排出的沼液经过过滤、沉淀、氧化塘等方式进行多级处理,可以达到农田灌溉水质标准,形成农业生态良性循环。淮滨阳光农机合作社在王楼村建设生态养殖场一座,养羊存栏量 500 只,与周边乡镇各养殖场合作,用收储的秸秆兑换养殖动物粪便,利用畜禽粪便混合秸秆并注入有益菌类进行有机无机复合肥、纯有机肥、生物质有机肥料的加工生产,养殖场内建有占地 30 亩(1 亩≈667 平方米;15 亩 = 1 公顷。全书同)的有机肥料生产厂房一座,引进先进生产线两条,目前,日产量 6 吨。

3. 能源化利用

信阳市目前秸秆能源化利用途径主要有直接燃烧及生产沼气、固体燃料等。全市 2013 年秸秆能源化利用 7.7 万吨,占可收集量的 1.4%。利用秸秆发酵生产沼气,工艺成熟,近几年在信阳市一些地方得到推广,但由于存在粉碎和搅拌等方面问题,推广难度较大,消化秸秆量不多。淮滨县栏杆镇王湾村是远近闻名的蔬菜村,也是秸秆沼气示范村,全村办沼气 160 余户,使用率达到 95% 以上。该村每个用户建沼气池一座,同时,进行改厨、改厕、改圈、改水、改路、改院,达到庭院整洁、厨房明亮、厕所干净、畜圈卫生的标准,大部分用户用稻糠做原料,省时省工、产气快、效果好,既节省了能源,又方便、卫生。据用户介绍,沼气池里加入稻糠,产气快,纯度高,一般加入 2 ~ 3 千克稻糠,所产气可连续使用 6 天左右,能满足 3 ~ 5 口人正常的生活用气。新县陆山河乡张湾村 2012 年建设以稻草为原料的秸秆沼气示范村,组建服务网络与后续管理队伍,开展秸秆处理与利用技术服务,解决了沼气原料不足问题,提高了沼气使用率,促进了全村沼气正常使用。淮滨祥盛再生资源秸秆固化有限公司进行秸秆固化利用生产生物质燃料,目前,建设有占地 20 亩的生物质燃料厂房一座,生产线六条,每天批次产量可达 10

吨以上。目前，信阳市尚无利用秸秆进行发电和生产乙醇、生物质油等。

4. 原料化利用

信阳市积极发展秸秆造纸、秸秆生产板材和制作工艺品，示范发展秸秆生产木糖醇，提高秸秆原料化、基料化利用水平。全市 2013 年秸秆原料化利用约 20 万吨，占可收集秸秆的 3.6%。信阳工业城的万华生态板业有限公司，建立秸秆板生产线及秸秆综合利用研发中心，并在息县、淮滨、光山、平桥等县区建设多个秸秆打捆收购网点，年收购、消耗稻草、麦草农作物秸秆 10 万吨，通过粉碎、压缩成型等工艺生产生态环保板材，用于居家、大型商场、公用设施等高端场所室内装修板材，市场前景广阔。

5. 基料化利用

秸秆基料化主要的形式是秸秆培植食用菌。2013 年，信阳市秸秆基化利用约 11 万吨，占可收集秸秆的 2%。河南菌王菇业有限公司光山县食用菌示范基地利用秸秆粉碎后生产食用菌，该食用菌示范基地年产 2 万吨珍稀食用菌，包括姬菇、秀珍菇、香菇、木耳、金针菇、平菇、草菇、花菇等，年消耗农作物秸秆 3.5 万吨。浉河区双井乡农民江银海利用玉米芯、棉籽壳等秸秆生产食用菌平菇、金针菇等，现有生产大棚 14 个，年生产食用菌 10 万袋以上（每袋 8 千克左右），主要向信阳市各大超市供货，市场反应良好，经济效益显著。

第三节　当前农作物秸秆资源利用存在的主要问题

信阳市的农作物秸秆综合利用工作近年来虽然取得了一些成效，但总体看农作物秸秆综合利用率还很低，还存在着一些制约因素和一系列亟待解决的问题：一是农作物秸秆收集储运体系不完善。由于农作物秸秆密度较低且季节性较强，加上收割机、打捆机等配套设施缺乏，收集储运成本高，给秸秆的收集、储运带来很大困难，秸秆收储体系难以全面建立，致使秸秆资源化和商品化程度低，制约着秸秆综合利用产业化发展。二是秸秆综合利用产业化程度低。秸秆综合利用生产规模普遍偏小，技术水平低，经济效益差。过去有的地方建的秸秆热解气化站，由于建设规模较小，技术服务不到位、经营管理不善等问题，基本上处于瘫痪状态。大型养殖场数量较少，规模养殖比重低。板材生产由于收储体系、成本等方面问题，覆盖面积不大，消耗的秸秆十分有限。三是秸秆综合利用关键技术有待于进一步研发推广。秸秆饲料消化率低、秸秆气化焦油处理、秸秆清洁制浆技术、先进秸秆收集处理机械设备等一些关键性技术难题尚未突破，秸秆乙醇产业化技术尚没有推广，制约着秸秆利用率和利用层次的提升。秸秆综合利用技术服务体系不健全，技术骨干较少，部分秸秆利用技术推广应用效果较差。四是秸秆综合利用投入不足。秸秆综合利用是一项短期投资大，长期见效益的工程。由于各级政府财力有限，相应补贴较少，或扶持政策滞后，农民和生产企业的积极性没有充分调动起来，制约了秸秆综合利用规模化发展。

第二章 农作物秸秆综合利用的指导思想、基本原则与总体目标

第一节 指导思想

全面落实科学发展观，坚持资源节约和环境保护的基本国策，以科技创新为动力，以制度创新为保障，以提高秸秆综合利用率为目标，以发展农业循环经济为主线，以扩大秸秆利用规模和提高秸秆利用效益为核心，充分发挥市场机制作用，重点推进秸秆饲料化、肥料化、能源化，兼顾秸秆原料化和基料化，完善收储体系，加强分类指导，逐步形成秸秆综合利用的长效机制，促进秸秆的资源化、商品化、产业化利用，促进农民增收、农村经济发展和环境改善。

第二节 基本原则

禁疏结合，以用促禁。加大对秸秆禁烧监管力度，在研究制定鼓励政策，充分调动农民和企业积极性的同时，对现有的秸秆综合利用单项技术进行归纳、梳理，坚持秸秆还田利用与产业化开发相结合，鼓励企业进行规模化和产业化生产，引导农民自行开展秸秆综合利用，积极培育秸秆综合开发利用载体。

农业优先，多元利用。秸秆综合利用结合各地种植业、养殖业的现状和特点，优先发展秸秆饲料化、肥料化等农业利用方式。在满足农业和畜牧业需求的基础上，利用经济手段，统筹兼

顾、合理引导秸秆能源化、工业化等综合利用，不断拓展利用领域，提高利用效益。

因地制宜，突出重点。根据种植业、养殖业的现状和特点，以及秸秆资源的数量、品种，选择适宜的秸秆综合利用技术进行推广应用。在优先满足农业利用的基础上，重点发展秸秆乙醇及相关化工产品，合理引导秸秆成型燃烧、秸秆气化、工业利用等方式，逐步提高秸秆综合利用效益。

依靠科技，强化支撑。整合资源、集成力量，加强产学研结合，加快秸秆综合利用技术研发与集成，努力突破关键技术性难题。加强技术示范，建立不同类型地区秸秆综合利用的技术模式和科技示范基地，以点带面，系统提升秸秆综合利用技术水平。

市场导向，政策扶持。充分发挥市场配置资源的作用，鼓励社会力量积极参与，形成以市场为基础、政策为导向、企业为主体、农民广泛参与的长效机制。落实国家对秸秆综合利用的鼓励和扶持政策，因地制宜出台地方的鼓励和扶持政策，加大政策引导和扶持力度。

第三节 总体目标

"十二五"期间，全面落实秸秆禁烧政策；展开秸秆综合利用规划布局，建立秸秆综合利用收储管理体系；突破秸秆资源利用的关键和共性技术；建立比较完善的秸秆资源综合利用收储管理体系，能够满足产业化开发利用需求；基本实现秸秆资源循环利用发展模式，形成布局合理、规模经营、高效利用的秸秆产业化利用格局。水稻、小麦等重点秸秆资源利用率稳步提高。到2015 年，秸秆综合利用率要达到80%以上，2020 年要达到90%以上，建立起比较科学的农作物秸秆综合利用模式。

第三章　农作物秸秆综合利用的重点领域

第一节　秸秆肥料化利用

农作物秸秆是发展现代农业的重要物质基础。秸秆含有丰富的有机质、氮磷钾和微量元素，是农业生产重要的有机肥源。要把秸秆的肥料化利用作为秸秆综合利用的主要途径。继续推广普及保护性耕作技术，通过鼓励农民使用秸秆粉碎还田机械等方式，有效提高秸秆肥料利用率。

第二节　秸秆饲料化利用

秸秆含有丰富的营养物质，4 吨秸秆的营养价值相当于 1 吨粮食，可为畜牧业持续发展提供物质保障。在秸秆资源丰富的牛羊养殖优势区，鼓励养殖场（户）或秸秆饲料加工企业制作青贮、氨化、微贮或颗粒等秸秆饲料。

第三节　秸秆基料化利用

做好秸秆栽培食用菌，有利于促进农业生态平衡，推进农业转型升级，转变农业发展方式，加快建设高效生态的现代农业，继续重点推广企业加农户的经营模式，建设一批秸秆栽培食用菌生产基地。

第四节 秸秆原料化利用

秸秆纤维是一种天然纤维素纤维，生物降解性好，可替代木材作用于造纸、生产板材、制作工艺品、生产活性炭等，也可替代粮食生产木糖醇等。要不断提高秸秆工业化利用水平，科学利用秸秆制浆造纸，积极发展秸秆生产板材和制作工艺品，试点建设秸秆生产木糖醇、秸秆生产活性炭等工程。

第五节 秸秆能源化利用

秸秆作为一种重要的生物质能，2吨秸秆能源化利用热值可替代1吨标准煤，推广秸秆能源化利用，可有效减少一次能源消耗。秸秆能源化利用技术主要包括秸秆沼气（生物气化）、秸秆固化成型燃料、秸秆热解气化、直燃发电和秸秆干馏、炭化和活化等方式。"十二五"期间，大力发展秸秆沼气、秸秆固化成型燃料，提高可再生能源在能源结构中的比例。

第四章　农作物秸秆综合利用重点技术

第一节　秸秆收集处理体系

为解决茬口紧的多熟农区秸秆收集、处理困难等问题，应加快建立秸秆收集和物流体系，推广农作物联合收获、粉碎、捡拾打捆全程机械化，对收获后留在田间的秸秆进行及时高效的处理。秸秆收集储运管理体系连接着秸秆综合利用的各个环节，要建立以市场需求为引导，企业为龙头，以专业合作经济组织为骨干，农户参与，政府推动，市场化运作，多种模式互为补充的秸秆收集储运管理体系。充分调动农民合作组织和广大农民的积极性，尽快形成健全的社会化服务网络，为秸秆综合利用提供有效保障。

1. 探索两种收集储运模式

依托规模化企业、专业合作经济组织、农民经纪人，建立"集—储—运—用"有机结合的市场化、网络化的秸秆收集储运体系。

（1）以规模化企业为龙头、专业合作经济组织为骨干的秸秆收储运模式。秸秆收储中心兼具企业秸秆仓储功能，中心点配备必需的捡拾打捆机、秸秆预处理机具、拖拉机及堆场，负责秸秆捡拾打捆、收集、预加工、储存、运输等，调配秸秆资源，指导秸秆收购站点的管理。

（2）以专业合作经济组织和农民经纪人队伍为纽带的秸秆收储运模式。以农村专业合作经济组织、农民经纪人为纽带，一头联结千家万户，一头联结众多秸秆利用企业（用户），形成"多点对多源"的收集储运模式。可以乡镇为单位建设秸秆收购站点，秸秆收购站点兼具秸秆临时性堆场功能。收购站点设置以秸秆收购半径 2～5 千米为宜，配备小型运输工具，负责指导专业合作经济组织或农民经纪人的秸秆收集工作，为秸秆收储中心或企业提供秸秆资源。

2. 抓好三大关键环节

（1）完善秸秆田间处理系统。加强秸秆源头收集管理，推广大型收割机与秸秆捡拾机、打捆机相联合，使秸秆收割、捡拾、打捆一体化，或由企业提供固定打包机，农户把秸秆分散收集后集中打包。大力推进农作物联合收割、捡拾打捆、运输储存全程机械化。采用大功率机械设备，提高秸秆收集效率，降低成本，积极探索农作物收割、捡拾打捆一机完成的秸秆收集方式。

（2）发展专业合作经济组织和农民经纪人队伍。各级政府要采取有效措施，加快发展专业合作经济组织，壮大农民经纪人队伍，提供秸秆收集储运综合服务。规范农户、农民经纪人、农村专业合作经济组织、企业秸秆收储运行为，引导签订秸秆产供销合同，保证各方合法权益，保障企业原料来源稳定，秸秆市场销路畅通，达到互利多赢。有条件的企业，可与农户签订免费收割协议，秸秆由企业免费收取。

（3）规范秸秆收储中心建设。在秸秆综合利用条件较好的城市，鼓励乡镇和企业建设秸秆收储中心，支持农村专业合作经济组织、农民经纪人和企业建立秸秆收储站点，扶持建设完备的收储站点网络体系。按照各行业秸秆利用标准，秸秆收储中心配备相应的秸秆工艺处理设备和必备的储运设施。秸秆收储中心及站点应有完善的防雨、防潮、防火、防雷和晒场等设施，加强日常维护和管理。

第二节 秸秆肥料化利用技术

秸秆还田用作肥料是当今世界上普遍重视的一项培肥地力增产措施，不仅能避免秸秆焚烧所造成的大气污染，而且对农作物还具有增肥增产作用。第一，秸秆还田可增加土壤新鲜有机质，提高土壤肥力。农作物秸秆的成分主要是纤维素、半纤维素和一定数量的木质素、蛋白质和糖，这些物质经过发酵、腐解、分解转化为土壤重要组成成分——有机质。有机质是衡量土壤肥力的重要指标，它不仅是植物主要和次要营养元素的来源，还决定着土壤结构性、土壤耕性、土壤代换性和土壤缓冲性，以及在防治土壤侵蚀、增加透水性和提高水分利用率等方面，都具有重要的作用。也就是说，土壤有机质含量越高，土壤越肥沃，耕性越好，丰产性能越持久。秸秆还田就是增加土壤有机质最为有效的措施。资料表明，由于长期连续秸秆还田，有效地遏制了土壤有机质的继续下降，并有逐渐回升的明显趋势，平均年增加量达 0.02% ~0.04%。特别是麦秸还田后土壤中的细菌数量增加了 16 倍；纤维分解菌提高 8.5 倍；放线菌提高 3.6 倍；真菌提高 2.7 倍。微生物数量增加，活动增强，加速了土壤有机质的分解转化，使土壤供肥能力得到加强。第二，改善土壤的物理性质，使土壤耕性变好。秸秆还田后土壤孔隙度，一般增加 4% 左右；容重降低 0.04 ~0.11 克/立方厘米；1 ~3 毫米团粒结构增加 5.8%；土壤水分增加 1.1% ~3.9%。由于土壤物理性质得到改善，土壤的水、肥、气、热四性得以协调，渗水能力增强，保墒性能增加，抗旱抗涝的能力都得到很大提高。群众总结为"秸秆还田后，土头松，保水强，铲趟得心应手"。第三，增加产量，降低成本。据调查，秸秆还田后第一季作物平均增产 5% ~10%，第二季后作物平均增产 5%。据农业科研单位试验，在秸秆还田的地块上施用化肥，可较好地发挥化肥的肥效，可提高氮肥利用率 15%～20%，磷肥利用率可提高 30% 左右。

秸秆还田的方式分为秸秆直接还田、秸秆间接还田和秸秆生化腐熟快速还田等。直接还田又分为高茬还田、覆盖免耕还田、粉碎翻压还田等方式。间接还田技术又分为高温堆沤还田、过腹还田、沼渣还田等方式。其中，过腹还田是一种综合效益较高的秸秆利用生产技术模式。秸秆生化腐熟快速还田技术包括催腐堆肥技术、酵菌堆肥技术等。秸秆采取直接还田的方式比较简单、方便、快捷、省工，还田数量较多，所以，采用直接还田的方式比较普遍。今后秸秆肥料化利用的主要目标是要继续保持较高的秸秆肥料化水平，大力推广机械化粉碎还田，优先发展秸秆堆肥还田、过腹还田、醇肥还田，探索发展秸秆反应堆技术，以此推动生态农业的发展。

下面就几种常用的还田方式及有关技术要求作一介绍。

1. 翻压还田

秸秆粉碎翻压还田技术就是用秸秆粉碎机将摘穗后的玉米、高粱及小麦等农作物秸秆就地粉碎，均匀地抛撒在地表，随即翻耕入土，使之腐烂分解。这样能把秸秆的营养物质完全地保留在土壤里，不但增加了土壤有机质含量，培肥了地力，而且改良了土壤结构，减少病虫危害。

（1）主要技术要求。

①要提高粉碎质量：秸秆粉碎的长度应小于 10 厘米，并且要撒匀。

②施足氮肥：作物秸秆被翻入土壤中后，在分解为有机质的过程中要消耗一部分氮肥，所以，配合施足速效氮肥。

③注意浇足踏墒水：为夯实土壤，加速秸秆腐化，在整好地后一定要浇好踏墒水。

（2）适用条件。华北地区除高寒山区，绝大部分地区可采用秸秆直接粉碎翻压还田。水热条件好、土地平坦、机械化程度高的地区更加适宜。

2. 覆盖还田

秸秆覆盖还田是秸秆粉碎后直接覆盖在地表，这样可以减少土壤水分的蒸发，从而达到保墒的目的，腐烂后增加土壤有机质。但是，这样会给灌溉带来不便，造成水资源的浪费，严重影响播种。因此，这种形式只适合机械化点播，有时也比较适宜干旱地区及北方地区，进行小面积的人工整株倒茬覆盖。

秸秆易地覆盖还田也是一种简单易行的办法，旱地作物播种覆土后，地块表面覆盖 3～5 厘米厚的作物秸秆。地表秸秆覆盖率大于30%，覆盖均匀，能够顺利地完成播种，保证种子正常发芽和出苗。

秸秆覆盖还田有以下几种方式。

（1）直接覆盖。秸秆直接覆盖和免耕播种相结合，蓄水、保水和增产效果明显。

（2）高留茬覆盖还田。小麦、水稻收割时留高茬 20～30 厘米，然后用拖拉机犁翻入土中，实行秋冬灌及早春保墒。

（3）带状免耕覆盖。用带状免耕播种机在秸秆直立状态下直接播种。

（4）浅耕覆盖。用旋耕机或旋播机对秸秆覆盖地进行浅耕地表处理。

3. 机械还田

机械化秸秆还田包括秸秆粉碎还田、根茬粉碎还田、整秆翻埋还田、整秆编压还田等多种形式，具有便捷、快速、低成本、可大面积培肥地力等优势，是一项较为成熟的技术。主要特征是采用机械将收获后的农作物秸秆粉碎翻埋或整秆翻埋或整秆编压还田，可一次完成多道工序，与人工作业相比，工效提高了40～120 倍，不仅争抢了农时，而且减少了环境污染，增强了地力，提高了粮食产量，社会效益和经济效益均较高。其关键技术是采用各种秸秆还田机械将秸秆直接还入田中，使秸秆在土壤中腐烂分解为有机肥，以改善土壤团粒结构和保水、吸水、黏接、透气、保温等理化性状，增加土壤肥力和有机质含量，使大量废弃的秸秆直接变废为宝。

（1）作物根茬机械粉碎还田。

还田方式的农艺技术要求：垄距 65～75 厘米，茬高小于 20 厘米；根茬粉碎长度小于 10 厘米，破碎合格率大于 90%；根茬灭茬率大于 99%；根茬混拌于土中的覆盖率大于 75%；灭茬耕深一般为 5～10 厘米；根茬还田后的垄形较原垄形降低高度一般不应超过 5 厘米；每公顷增施尿素 5～7 千克，补充根茬腐化时所需的氮素。

机械操作规程：作业前要对根茬还田机械进行全面检查。齿轮箱加足齿轮油，紧固件拧紧，传动、转动部件灵活，试运转 2～3 分钟，确无问题，方可作业。正式作业前，要做好耕深和对行调整。通过调整托脚柄高低和旋转刀盘左右位置来达到。作业速度为 1～3 挡，并要经常清除刀轴上的缠草。

（2）作物高留茬还田。介绍小麦高留茬还田和水稻高留茬还田。

①小麦高留茬还田：小麦收割时一般留茬 20～40 厘米，用链轨拖拉机配带重型四铧犁，在犁前斜配一压杆将秸秆压倒，随压随翻。技术要求：小麦收割时，要做到边割边翻，以免养分散失，也便于腐烂；必须顺行耕翻，以便于秸秆的覆盖和整地质量的提高；耕深要求在 26 厘米以上，做到不重、不漏、覆盖严密；耕翻后，要用重耙、圆盘耙进行平整土地；麦茬作物定苗后必须及时追施氮、磷肥，同时灭茬除草。

②水稻高留茬还田：水稻割茬高度在 10～15 厘米，最好不超过 20 厘米；以秋季作业为好，要在土壤含水量 25%～30%

(不陷车) 时结合秋翻进行作业, 封冻前结束。耕翻深度以不破坏犁底层为宜, 一般为 15~18 厘米, 手扶拖拉机牵引两铧犁翻地, 耕深应大于 10 厘米。翻平扣严, 不重不漏, 不立垡, 不回垡, 深度一致; 根茬混拌于土中的覆盖率大于 95%。应注意的是: 水稻高茬收割还田由于茬高不宜进行旋耕作业, 但要进行旱耙 (耢)。旱耙 (耢) 作业适宜的土壤含水量为 19%~23%, 耙地深度分轻耙 8~12 厘米、重耙 12~15 厘米 两种。耙好的标准为不漏耙、不拖堆、无堑沟, 且耕层内无大土块, 每平方米耕层内, 最大外形尺寸大于 5 厘米 的土块小于或等于 5 个。尤其要注意的是水稻高茬收割还田要配施一定量的氮磷肥。结合翻地深施, 每公顷用量为 10~15 千克, 氮磷比以 3:1 为好。

(3) 玉米秸秆直接还田。玉米属高秆作物, 秸秆还田难度大于一般作物。其技术要求: 秸秆粉碎 (切碎) 长度应小于 5~10 厘米; 粉碎秸秆的抛撒宽度以割幅同宽为好, 正负在 1 米 左右; 秸秆破碎合格率大于 90%; 秸秆被土覆盖率大于 75%; 根茬清除率大于 99.5%; 每公顷增施尿素 6 千克左右; 麦秸还田采用浅层还田耕作办法, 浅翻 10~15 厘米或耙耕 10~15 厘米, 并结合深松耕作。玉米秆还田要解决好 4 个问题:

①秸秆还田的数量和时机: 一般秸秆还田数量不宜过多, 每公顷还田 300~400 千克为宜, 否则耕翻难以覆盖。在秸秆含水量为 30% 以上时, 还田效果好。

②秸秆粉碎的质量: 秸秆粉碎 (切碎) 长度最好小于 5 厘米, 勿超 12 厘米, 留茬高度越低越好, 撒施要均匀。

③调整 C/N 比据研究: 秸秆直接还田后, 适宜秸秆腐烂的 C:N 为 (20:1)~(25:1), 而秸秆本身的碳氮比值都较高, 玉米秸秆为 53:1, 小麦秸秆为 87:1。这样高的碳氮比在秸秆腐烂过程中就会出现反硝化作用, 微生物吸收土壤中的速效氮素, 把农作物所需要的速效氮素夺走, 使幼苗发黄, 生长缓慢,

不利于培育壮苗。因此，在秸秆还田的同时，要配合施入氮素化肥，保持秸秆合理的碳氮比。一般每 100 千克风干的秸秆掺入 1 千克左右的纯氮比较合适。

④深耕重耙：一般耕深 20 厘米以上，保证秸秆翻入地下并盖严。耕翻后还要用重型耙耙地，有条件的地方应及时浇踏墒水。

（4）稻草直接还田。水稻从土壤中吸收的养分中，留在秸秆中的比例大概是氮 30%、磷 20%、钾 80%、钙 90%、镁 50%、硅 80% 以上，也就是说稻草中所含的养分较高，特别是钾和硅的含量高。氧化钾为 1.13%～3.66%，平均 1.83%；二氧化硅为 5.3%～15.0%，平均 11.0% 左右，并且稻草易于腐烂，因此说稻草还田是水田最有效的培肥增产方式。还田方法：将稻草铡碎或用乱草机打碎，长度为 16～23 厘米；将铡碎或打碎好的稻草均匀地撒于田面，一般每公顷还田 300 千克左右；当土壤含水量 25%～30%（不陷车）时将稻草翻入 15 厘米 土层中，稻草混拌于耕层中的覆盖率大于 95%；翻前要施肥，一般每公顷施氮磷化肥 15～20 千克，氮磷比为 3∶1。耙地：耙地的适宜含水量为 19%～23%。耙深，轻耙 8～12 厘米，重耙 12～15 厘米。耙后耕层内无大土块，每平方米耕层内，最大外形尺寸大于 5 厘米 的土块小于或等于 5 个。稻草还田后的水浆管理：由于大量新鲜秸秆有机物进入土壤后，在淹水条件下进行腐解，因此，水田土壤将具有较强的还原作用，特别在秸秆旺盛分解的阶段更是如此。为了防止水田土壤中大量还原性物质和有机酸的积累而导致对水稻根系生长的毒害影响，要采用落水晒田并进行间断灌溉的水浆管理。

4. 堆沤还田

堆沤还田是将作物秸秆制成堆肥、沤肥等，待作物秸秆发酵后施入土壤，其形式有厌氧发酵和好氧发酵两种。厌氧发酵是把秸秆堆后、封闭不通风；好氧发酵是把秸秆堆后，在堆底或堆内设有通风沟。经发酵的秸秆可加速腐殖质分解制成质量较好的有机肥，作基肥还田用。各地研制试用了一批高效快速不受农时限制的堆沤肥新技术成果，受到农民的欢迎。作物秸秆要用粉碎机粉碎或用铡草机切碎，一般长度以 1~3 厘米为宜，粉碎后的秸秆湿透水，秸秆的含水量在 70% 左右，然后混入适量的已腐熟的有机肥，拌均匀后堆成堆，上面用泥浆或塑料布盖严密封即可。过 15 天左右，堆沤过程即可结束。秸秆的腐熟标志为秸秆变成褐色或黑褐色，湿时用手握之柔软有弹性，干时很脆容易破碎。腐熟堆肥料可直接施入田块。秸秆堆肥还田是目前丘陵山区秸秆还田普遍采用的方式，小麦秸秆、玉米秸秆、稻草秸秆等都可采取堆肥还田技术，采用的堆肥还田技术主要为快速腐熟还田技术，是广大农村消化剩余农作物秸秆的较好技术方法。快速腐熟还田技术腐熟快、肥效高，应在今后的发展中大力推广应用。

秸秆腐熟还田是秸秆还田的深化提高，也是秸秆还田的配套技术，对于加速秸秆腐熟、缩短秸秆腐熟危害期、提高腐熟程度具有明显效果。

（1）主要作用。

①加速秸秆分解：秸秆腐熟剂，由能够强烈分解纤维素、半纤维素、木质素的嗜热、耐热细菌、真菌、放线菌和生物酶组成。在适宜的条件下，能迅速将秸秆堆料中的碳、氮、磷、钾、硫等分解矿化，形成简单有机物及作物可吸收的营养成分。一般使用秸秆腐熟剂还田，可加速秸秆腐熟 10~15 天，提高腐熟程度 1 个等级。

②提高土壤有机质：秸秆还田腐熟剂中的高效有益微生物，施入土壤后大量繁殖，能促进加速秸秆腐烂分解，增加土壤有机质。一般 400 千克秸秆还田，经秸秆腐熟微生物分解，土壤有机质年递增近 0.1 个百分点。

③增加土壤养分：据测定，每 100 千克鲜秸秆约含氮 0.48 千克、磷 0.25 千克、钾 1.67 千克。400 千克秸秆还田，相当于每亩增加 11.3 千克碳铵，6.2 千克磷肥，11.1 千克钾肥。当季水稻可不施或少施磷钾肥，同时可减施氮肥 10%。

④减少秸秆焚烧：通过免费发放秸秆腐熟剂，可引导农民秸秆还田，减少秸秆露天就地焚烧，控制焚烧秸秆而造成的环境污染。

（2）主要技术要求。小麦机械化收割时，加载秸秆粉碎装置，将小麦秸秆切成 5~8 厘米长，并均匀平铺于田面，施足基肥、均匀使用秸秆腐熟剂，然后采用旋耕机旋耕灭茬，正常移栽、机栽、直播水稻。具体要求如下：

①充分切碎：小麦单产一般在 400 千克左右，每亩麦秸数量则应在 400 千克以上。生产上，在机械旋耕灭茬过程中，要使80% 以上的麦秸埋入土壤中并严防碎草成堆，才能保证下茬播栽质量，农民才认可。实践发现，小于 8 厘米长的麦秸比较容易埋入土中，小于 10 厘米时灭茬较好。因此在机械收割小麦时，应将收割机的切草刀片间距调整在 5~8 厘米，使90% 的麦秸长度小于10 厘米，产生的麦秸适合各种耕作机械作业，埋草效果才能理想。

②均匀布草：碎草成堆、成条难于完全灭茬，也容易集中发酵引起脱棵死苗。因此，机械收割时最好均匀喷草，或者事后人工均匀布草，切忌碎草成堆、成条。

③完全灭茬：秸秆还田的灭茬程度直接影响播栽质量，因此灭茬越完全越好，灭茬程度不能低于80%。移栽稻、机插稻建议采用"大中拖旱旋灭茬 + 水旋整地"或者"大中拖水旋灭茬 + 小机水旋整地"两次作业，直播稻建议采用"大中拖旱旋灭茬 + 小机旱旋整地"，保证完全灭茬。

④增施腐熟剂：小麦收获机械切碎，秸秆均匀平铺于田面，机械旋耕灭茬前，每亩用 2 千克秸秆腐熟剂加 4~5 千克尿素加正常基肥，人工拌和均匀，撒施于秸秆切碎田面，然后机械

灭茬。

⑤增氮补锌：小麦秸秆全量还田草量大，而秸秆本身的碳、氮含量比例为100：2左右，微生物腐解秸秆所需的比例为100：4左右，因此，秸秆在腐解为有机肥的过程中需从土壤中吸收氮等营养元素，生产上要补施一定量的氮肥。一般每亩还田400千克秸秆时，基苗肥需增施尿素4～5千克。同时为促进秧苗早发每亩需增施锌肥2千克。

⑥控水调气：麦草全量还田有个腐烂发酵过程，容易产生有毒物质如硫化氢、甲烷、有机酸等，危害根系，造成根系发黄发黑，抑制稻苗新根发生和吸收功能，造成水稻僵苗。一般稻苗栽后5～7天，基本都已扎根活棵，10天左右明显恢复生长。因此，进行秸秆全量还田的移栽稻、机插稻，栽后5～7天浅水活棵，然后迅速放水顿田2～3天，通气散毒，以后水浆管理必须采用干湿交替的模式，浅水1～2天，通气2～3天，切忌深水长沤，通气不畅，影响水稻生长。直播稻播种至3叶前，湿润灌溉，3叶后干湿交替，浅水1～2天，通气2～3天，切忌深水长沤。

（3）注意事项。收割机必须带切碎装置；机械灭茬必须用大中型拖拉机；腐熟还田前期必须增施氮肥；水稻大田前期管水必须干湿交替；水稻中后期穗肥必须控制用量，以防旺长倒伏和贪青迟熟。

5. 过腹还田

过腹还田是利用秸秆饲喂牛、马、猪、羊等牲畜后，秸秆先作饲料，经禽畜消化吸收后变成粪、尿，以畜粪尿施入土壤还田。我国素有秸秆作粗饲料养畜的传统，约有20%经过处理用作饲料，大部分仅经切碎至3～5厘米后直接饲喂家畜。随着近年来秸秆处理技术的提高，青贮、氨化等技术推广明显加快。秸秆过腹还田，不仅可以增加禽畜产品，还可为农业增加大量的有机肥，降低农业成本，促进农业生态良性环。这种形式就是把秸秆作为饲料，在动物腹中经消化吸收一部分像糖类、蛋白质、纤维素等营养物质外，其余变成粪便，施入土壤，培肥地力，无副作用。而秸秆被动物吸收的营养部分有效地转化为肉、奶等，被人们食用，提高了利用率，这种方式最科学，最具有生态性，最应该提倡推广，因此，目前过腹还田推广的深度和广度是远远不够的。

6. 秸秆生物反应堆

微生物与有机物在一定设施条件下发生链锁式反应，产生巨大的生物能和生物能效应，进而极大的改变了另一种生物的生长条件和环境。它类似于原子反应堆，所以，把这种生物反应的设施装置，取名为生物反应堆。秸秆生物反应堆主要是将农作物秸秆加入一定比例的水和微生物菌种、催化剂等原料，发酵分解产生 CO_2。通过造简易的 CO_2 交换机对农作物进行气体施肥，满足农作物对 CO_2 的需求；同时，可以有效增加土壤有机质和养分，提高地温，抑制病虫害、可减少化肥、农药用量。该技术方便简单，运行成本低廉，增产增收效果显著，适用于从事温室大棚瓜果、蔬菜等经济作物生产的农户应用。其主要技术特点：以秸秆替代化肥，植物疫苗替代农药，这种有机栽培技术成本低、易操作、资源丰富、投入产出比大，环保效应显著。应用形式有内置式、外置式和内外置结合式，其中，内置式又分为行下内置式、行间内置式、追施内置式和树下内置式；外置式又分为简易外置式和标准外置式。选择应用方式时，主要依据生产地种植品种、定植时间、生态气候特点和生产条件而定。秸秆转化率：每千克干秸秆可转化 CO_2 1.1 千克、热量 3 037 千卡、生防有机肥 0.13千克和抗病微生物孢子 0.003 千克。这些物质和能量用于果树蔬菜生产，可增产 0.6~1.5 千克果菜，品种不同增幅有差异。

7. 醇肥还田

醇肥还田是将秸秆能源化与肥料化相结合的新型还田方式，

秸秆先生产乙醇，废水生产沼气，沼渣、沼液还田。乙醇生产过程中剩余的木质素，经过加工后也可以作为肥料，改良土壤。

秸秆还田的方法很多，在此不一一列举。以上介绍的几种方法各有各的特点。总体而言，秸秆利用最简单的方法就是粉碎后直接还田，这也是各地目前大力推广、应用最多的模式。由于化肥的大量施用，有机肥的用量越来越少，不利于土壤肥力的保持和提高。而秸秆经粉碎后直接翻入土壤，可有效提高土壤内的有机质，增强土壤微生物活性，提高土壤肥力。但秸秆还田方法不当，也会出现各种问题，如小麦出苗不齐、病害发生加重等。因此，秸秆直接还田后需要注意"防病虫害、补水补氮"。无论是秸秆覆盖还田或是翻压还田，首先都要考虑秸秆还田的数量。如果秸秆数量过多，不利于秸秆的腐烂和矿化，甚至影响出苗或幼苗的生长，导致作物减产；过少则达不到应有的目的。还田数量一般以每亩200千克为宜。直接耕翻秸秆时，应施加一些氮素肥料，以促进秸秆在土中腐熟，避免分解细菌与作物对氮的竞争。秸秆还田时，要配合施用氮、磷肥。新鲜的秸秆碳、氮比大，施入田地时，会出现微生物与作物争肥现象。秸秆在腐熟的过程中，会消耗土壤中的氮素等速效养分。在还田时，要配合施用碳酸氢铵、过磷酸钙等肥料，补充土壤中的速效养分。同时，还要注意秸秆还田翻埋时期，一般在作物收获后立即翻耕入土，避免因秸秆被晒干而影响腐熟速度，旱地应边收边耕埋，水田应在插秧前15天左右施入。新鲜秸秆在腐熟过程中会产生各种有机酸，对作物根系有毒害作用。因此，在酸性和透气性差的土壤中进行秸秆还田时，应施入适量的石灰，中和产生的有机酸。施用数量以30～40千克/亩为宜，以防中毒和促进秸秆腐解。有病的植物秸秆带有病菌，直接还田时会传染病害，可采取高温堆制，以杀灭病菌。

秸秆还田的技术性很强，方法正确对作物具有明显增肥增产作用，但若方法不当，可能会出现各种问题。首先是有碍主茬小麦的出苗和苗齐苗壮；如果农田土壤保墒措施再跟不上，还会加速耕层土壤"绿水"的丢失，进而对于冬小麦的创高产不利。可以说，秸秆还田的麦田出苗不齐和苗黄问题是秸秆还田操作不标准，连带引起小麦播种质量差所造成的。为了避免来年不再产生秸秆还田引起出苗不好和麦苗发黄等问题，对于秸秆直接还田技术提出以下建议。

（1）各类秸秆收割后最好立即耕翻入土，以避免水分损失而不易腐解，在水田上更应注意。

（2）秸秆还田后，在腐解过程中会产生许多有机酸，在水田中易累积，浓度大时会造成危害。因此在水田水浆管理上应采取"干湿交替、浅水勤灌"的方法，并适时搁田，改善土壤通气性。

（3）应使用无病健壮的植物秸秆还田，防止传播病菌，加重下茬作物病害。

（4）要用足够马力的机械将秸秆切碎，长度不超过10厘米，耕翻入土深度在15厘米以下，覆土要盖严、镇压保墒，既可加速秸秆分解，又不影响播种出苗。

（5）配合施用氮、磷肥。新鲜的秸秆碳、氮化大，施入田地时，会出现微生物与作物争肥现象。秸秆在腐熟的过程中，会消耗土壤中的氮素等速效养分。在秸秆还田的同时，要配合施用碳酸氢铵、过磷酸钙等肥料，补充土壤中的速效养分。

（6）翻压时间与水分管理。可边收割边耕埋，利用收获时含水较多，及时耕埋利于腐解。土壤水分状况是决定麦秸腐解速度的重要因素。在水分管理上，对土壤墒情差的，耕翻后应立即灌水；而墒情好的则应镇压保墒，促使土壤密实，以利于秸秆吸水分解。

（7）深耕或深旋耕时可选择高留茬，即留茬高度在 15 ～ 20 厘米，并使秸秆均匀撒在地面，以利耕作。少免耕田块，可选择矮留茬，并将作物秸秆均匀撒在地面，这样既省力又利于出苗。

第三节　秸秆饲料化利用技术

要把秸秆饲料化作为发展畜牧业的重要环节，重点发展秸秆青贮、氨化、微贮，大力推进秸秆饲料深加工和高效利用，促进畜牧业的发展。利用化学、微生物学原理，使富含木质素、纤维素、半纤维素的秸秆降解转化为含有丰富菌体蛋白、维生素等成分的生物蛋白饲料。当前，秸秆饲料加工中应用较多的是秸秆青贮、氨化、碱化——发酵双重处理、膨化饲料、热喷（在热喷装置中用饱和水蒸气喷射秸秆）、微生物发酵贮存及生产单细胞蛋白技术，其中，碱化——发酵双重处理和热喷技术是目前较理想的技术。秸秆经热喷后，消化率可提高到 50%，利用率可提高 2 ～ 3 倍。新型的秸秆块状饲料是采用先进的冷压成型技术，用饲料压块机生产的全新饲料。

针对当前作物耕作制度，要大力发展秸秆青贮、氨化和微贮技术，把种植业产业链延伸到畜牧养殖业，在产业链延伸中增加秸秆综合利用的经济效益。推广揉搓丝化技术和玉米活秆成熟技术，扩大养殖业青饲料的来源，积极开展秸秆揉搓揉丝接卸的引进、研发和示范。近期建立秸秆饲料生产示范点，扶持发展一批秸秆饲料出口加工企业，促进秸秆饲料生产的产业化开发。

1. 改进的物理加工技术

颗粒化技术是将秸秆经粉碎机粉碎揉搓成一定长度之后，按照配方将各种原料搭配并混合一定时间后，用特定型号的颗粒机制成颗粒饲料。它的特点是很容易将维生素、微量元素、非蛋白氮、添加剂等成分强化进颗粒饲料中，提高营养物质的含量，使饲料达到各种营养元素的平衡，并改善了适口性。该技术容易操作，实用性强，饲喂效果明显，一次性投资不高，是一项值得推广的实用技术。

2. 氨化处理技术

氨化处理技术，就是在密闭条件下，在秸秆中加入一定比例的氨水、无水氨、尿素等，破坏木质素与纤维素之间的联系，促使木质素与纤维素、半纤维素分离，使纤维素及半纤维素部分分解、细胞膨胀、结构疏松，从而提高秸秆的消化率、营养价值和适口性。氨化技术适用于干秸秆，用液氨处理秸秆时，秸秆含水量以30%为宜。

氨化处理秸秆饲料的氨源有很多，各种氨源的用量和处理方法也不相同，其处理结果因秸秆种类而异。经氨化处理后，秸秆的粗蛋白含量可从3%～4%提高到8%，家畜的采食量可提高20%～40%。

常用的处理方法有堆垛法、池氨化法、塑料袋氨化法和炉氨化法等，它们共同的技术要点是：将秸秆饲料切成2～3厘米长的小段（堆垛法除外），以密闭的塑料薄膜或氨化窖等为容器，以液氨、氨水、尿素、碳酸氢铵中的任何一种氮化合物为氮源，使用占风干秸秆饲料重2%～3%的氨，使秸秆的含水量达到20%～30%，在外界温度为20～30℃的条件下处理7～14天，外界温度为0～10℃时处理28～56天，外界温度为10～20℃时处理14～28天，30℃以上时处理5～7天，使秸秆饲料变软变香。

（1）堆垛法。

①堆垛：选择背风、向阳、地势高燥、平整的地方铺上一块无毒的聚乙烯薄膜，有条件的最好建立永久性水泥场以节省塑料薄膜，然后秸秆堆成垛。秸秆堆垛分两种形式，一是打捆草垛，一是散草垛。打捆草垛较散草垛更好些。在堆垛以前，对一些粗

硬的秸秆最好切碎，这样既便于饲喂，也减少氨化膜和秸秆刺破塑料薄膜的危险。

②水分调节：收获后的风干秸秆含水量，一般在 12% ~ 15%，而液氨氨化最适易水分含量不应低于 20%，因此，在堆垛过程中要少施一些水，将秸秆含水量调整到 20% 以上。

③密封：这是决定氨化效果好坏的关键措施之一。垛好后用无毒聚乙烯塑料薄膜盖严，四周边缘要与底部垫底的塑料薄膜相重合，然后用沙袋或泥土压紧踏实。

④注氨：在距地面 0.5 米处插入氨枪达垛的中心，缓慢地拧开氨瓶的下阀门，注入相当于秸秆干物质重量 3% 的液氨，立即关闭氨瓶阀门，待 4 ~ 5 分钟后拔出氨枪，最后用胶纸把罩膜的注氨孔封好，或用绳子将氨孔扎紧。垛堆过大时，注氨可分 4 次在四个不同方向进行，但要注意均匀。

⑤塑料薄膜的选用：塑料薄膜要求无毒，抗老化和气密性好。有一种专门用于秸秆氨化的聚乙烯氨化膜，已投入生产，并已推广使用。农户根据自己的需要选用。所需薄膜多少，可据垛的大小进行计算：

底膜尺寸：长 = 垛长 + （0.5 ~ 0.7）米（余边）

宽 = 垛宽 + （0.5 ~ 0.7）米

罩膜尺寸：长 = 垛长 + 高×2 + （0.5 ~ 0.7）米

宽 = 垛宽 + 高×2 + （0.5 ~ 0.7）米

（2）池法。

多以尿素为氨源。

①砌池：池的大小根据饲养家畜的种类和数量而定，一般每立方米池装切碎的风干秸秆（麦秸、稻秸、玉米秸）150 千克左右，一头 200 千克的牛，年需氨化秸秆 1.5 ~ 2 吨，池的形式有多种多样，有地上池、地下池还有半地下池。使用较多的是双联池，即在池的中间砌一隔墙可轮换处理秸秆。

②备料：先将玉米秸切成 3～5 厘米长，麦秸和稻草无须切碎，用一固定的装池器，如草筐、称量秸秆，再算出秸秆的总重量。

③溶解尿素：先按每 100 千克风干秸秆用 5 千克尿素的比例，称出所需尿素的重量，然后溶解在相当秸秆总重量 60% 的水中充分溶解，搅匀待用。

④装池：一种方法是干池前先将已溶解好的尿素溶液均匀地喷在摊开的秸秆上，然后装池；另一种办法是向池中一层一层的装入秸秆，层层喷洒尿素溶液，但不论采用哪种办法，都必须边装边踩实。一般要装得高出地面 40 厘米以上。

⑤密封：池子装满踩实后，用塑料膜覆盖严密，上面覆土，四周边缘用土封严踏实。

3. 生物处理技术

生物处理的实质主要是借助微生物（以乳酸菌为主）的作用，在厌氧状态下发酵，此过程既可以抑制或杀死各种微生物，又可以降解可溶性碳水化合物而产生醇香味，提高饲料的适口性。目前，主要有青贮和微贮两种方法。

（1）青贮方法。青贮是一个复杂的微生物群落动态演变的生化过程，其实质就是在厌氧条件下，利用秸秆本身所含有的乳酸菌等有益菌将饲料中的糖类物质分解产生乳酸，当酸度达到一定程度（pH 值为 3.8～4.2）后，抑制或杀死其他各种有害微生物，如腐败菌、霉菌等，从而达到长期保存饲料的目的。青贮可分为普通常规青贮和半干青贮。半干青贮的特点是干物质含量比一般青贮饲料多，且发酵过程中微生物活动较弱，原料营养损失少，因此，半干青贮的质量比一般青贮要好。

青贮适用于有一定含糖量的秸秆（如玉米秸秆、高粱秸秆等）。

①青贮设施的准备：青贮设施有青贮池、青贮塔、青贮袋

等，目前以青贮池最为常用。青贮池有圆形、长方形、地上、地下、半地下等多种形式。长方形青贮池的四角必须做成圆弧形，便于青贮料下沉，排出残留气体。地下、半地下式青贮池内壁要有一定斜度，口大底小，以防止池壁倒塌，地下水位埋深较小的地方，青贮池底壁夹层要使用塑料薄膜，以防水、防渗。

青贮饲料前，对现有青贮设施要做好检修、清理和加固工作。新建青贮池应建在地势高，干燥，土质坚硬，地下水位低，靠近畜舍，远离水源和粪坑的地方，要坚固牢实，不透气，不漏水。内部要光滑平坦，上宽下窄，底部必须高出地下水位500厘米以上，以防地下水渗入。青贮池的容积以家畜饲养规模来确定，每立方米能青贮玉米秸秆550～600千克，一般每头牛一年需青贮饲料6～10吨。

②制作优质玉米青贮饲料的条件：收割期的选择：玉米全株（带穗）青贮营养价值最高，应在玉米生长至乳熟期和蜡熟期收贮（即在玉米收割前15～20天左右）；玉米秸秆青贮要在玉米成熟后，立刻收割秸秆，以保证有较多的绿叶。收割时间过晚，露天堆放将造成含糖量下降、水分损失、秸秆腐烂，最终造成青贮料质量和青贮成功率下降。

a. 水分。玉米青贮饲料中应含有一定量的水分，比较适宜的水分含量应在65%～75%。

b. 糖。糖是玉米青贮饲料的主要营养成分，一般要求玉米青贮含糖量不得低于2%，而玉米带穗青贮时含糖量一般在4%以上，基本可以满足需要。

c. 氧气。能否提供厌氧环境是青贮能否成功的关键。在厌氧条件下，乳酸菌才能大量繁殖。

③青贮成功三原则：

a. 原料要切碎。为确保无氧环境的形成，秸秆要切碎，切碎要在原料含水量达到65%～70%时进行，长度为2～3厘米，这样易于压实，并能提高青贮设备的利用率。同时切碎后渗出的汁液中有一定量的水分，利于乳酸菌迅速繁殖发酵，提高青贮饲料的品质。

b. 装填和压实。在装填时必须集中人力和机具，缩短原料在空气中暴露的时间，装填越快越好。装填前，先将青贮池打扫干净，池底部填一层 10～15 厘米厚的切短秸秆或软草，以便吸收上部踩实流下的汁液。大型青贮池从一端开始装起，用推土机推压结合，逐渐推压向另一端，以装至高出池口 100 厘米左右为宜；小型青贮池从下向上逐层装填，每装 20～30 厘米人工踩实 1 次，一直装满青贮池并高出池口 70 厘米左右。青贮饲料紧实度要适当，以发酵完成后饲料下沉不超过青贮池深度的 8%～10% 为宜。

c. 适时封池。装填至离池口 30 厘米时，在池壁上铺塑料薄膜以备封池。青贮玉米如果收获适时，大部分为绿叶，水分为 60% 左右可不必加水；若黄叶占 50% 以上，即应加水，一般加水 10%～15%，边加边装，确保水和原料混合均匀。青贮池装满后，用塑料薄膜覆盖池顶，然后压上湿土 20～30 厘米厚，覆盖拍实并堆成馒头形，以利于排水。

④玉米青贮饲料制作要点：在青贮过程中，要连续进行，一次完成。青贮设备最好在当天装满后再封严，中间不能停顿，以避免青贮原料营养损失或腐败，导致青贮失败。概括起来就是要做到"六快"，即做到快割、快运、快切、快装、快压、快封。

⑤贮后管理：

a. 距青贮池 100 厘米四周挖好排水沟，防止雨水渗入池内。

b. 贮后 5～6 天进入乳酸发酵阶段，青贮料脱水，软化，当封口出现塌裂、塌陷时，应及时进行培补，以防漏水漏气。

c. 要防牲畜践踏并做好防鼠工作，保证青贮质量。

⑥青贮饲料品质评定：上等：黄绿色、绿色，酸味浓，有芳

香味，柔软稍湿润。中等：黄褐色、黑绿色，酸味中等或较少，芳香、稍有酒精味，柔软稍干。下等：黑色、褐色，酸味很少，有臭味、干燥松散或黏软成块。不宜饲喂，以防中毒。

⑦青贮饲料的饲喂：青贮饲料经过 45 天左右的发酵，即可开窖饲喂。取用时，应从上到下或从一头开始，每次取量，应以当天喂完为宜。取料后，必须用塑料薄膜将窖口封严，以免透气而引起变质。饲喂时，应先喂干草料，再喂青贮料。青贮玉米有机酸含量较大，有轻泻作用，母畜怀孕后不宜多喂，以防造成流产，产前 15 天停止。牲畜改换饲喂青贮饲料时应由少到多逐渐增加，停喂青贮饲料时应由多到少，使牲畜逐渐适应。

（2）微贮方法。饲料微生物处理又叫微贮，是近年来推广的一种秸秆处理方法。微贮与青贮的原理非常相似，只是在发酵前通过添加一定量的微生物添加剂如秸秆发酵活干菌、白腐真菌、酵母菌等，然后利用这些微生物对秸秆进行分解利用，使秸秆软化，将其中的纤维素、半纤维素以及木质素等有机碳水化合物转化为糖类，最后发酵成为乳酸和其他一些挥发性脂肪酸，从而提高瘤胃微生物对秸秆的利用。

秸秆微贮选用干秸秆和无毒的干草植物，室外气温 10 ~ 40℃时制作。

秸秆微贮就是把农作物秸秆加入微生物高效活性菌种——枣秸秆发酵活干菌，放入一定的密封容器（如水泥地、土窖、缸、塑料袋等）中或地面发酵，经一定的发酵过程，使农作物秸秆变成带有酸、香、酒味，家畜喜爱的饲料。因为它是通过微生物使贮藏中的饲料进行发酵，故称微贮，其饲料叫微贮饲料。

微贮的制作方法是：在处理前先将菌种倒入水中，充分溶解，也可在水中先加糖，溶解后，再加入活干菌，以提高复活率。然后在常温下放置 1 ~ 2 小时，使菌种复活（配制好的菌剂要当天用完）。将复活好的菌剂倒入充分溶解的 1% 食盐水中拌匀，食盐水及菌液量根据秸秆的种类而定。1 吨青玉米秸秆、玉米秸秆、稻或麦秸加一定量的活干菌、食盐、水，不同的菌剂有不同的加料要求。

秸秆切短同常规青贮。将切短的秸秆铺在窖底，厚 20～25 厘米，均匀喷洒菌液，压实后，再铺 20～25 厘米秸秆，再喷洒菌液、压实，直到高于窖口 40 厘米，在最上面一层均匀洒上食盐粉，再压实后盖上塑料薄膜封口。食盐的用量为每平方米 250 克，其目的是确保微贮饲料上部不发生霉坏变质。盖上塑料薄膜后，在上面撒 20～30 厘米厚的秸秆，覆土 15～20 厘米，密封。秸秆微贮后，窖池内贮料会慢慢下沉，应及时加盖使之高出地面，并在周围挖好排水沟，以防雨水渗入。开窖同常规青贮。

在微贮麦秸和稻秸时添加 5% 的玉米粉、麸皮或大麦粉，以提高微贮料的质量。加大麦粉或玉米粉、麸皮时，铺一层秸秆撒一层粉，再喷洒一次菌液。在喷洒和压实过程中，要随时检查秸秆的含水量是否合适、均匀。特别要注意层与层之间水分的衔接，不要出现夹干层。

含水量的检查方法是：抓取秸秆试样，用双手扭拧，若有水往下滴，其含水量约为 80% 以上；若无水滴、松开后看到手上水分很明显，约为 60% 左右，微贮饲料含水量在 60%～65% 最为理想。喷洒设备宜简便实用，小型水泵、背式喷雾器均可。

4. 热喷和膨化处理技术

热喷处理工艺流程为：原料预处理—中压蒸煮—高压喷放—烘干粉碎。其主要作用原理是通过热力效应和机械效应的双重作用，首先在 170℃ 以上的高温蒸汽（0.8MPa）作用下，破坏秸秆细胞壁内的木质素与纤维素和半纤维素之间的酯键，部分氢键断裂而吸水，使木质素、纤维素、半纤维素等大分子物质发生水解反应成为小分子物质或可利用残基。然后在高压喷放时，经内摩擦作用，再加上蒸汽突然膨大及高温蒸汽的张力作用，使茎秆撕碎，细胞游离，细胞壁疏松，细胞间木质素分布状态改变，表面积增加，从而有利于体内消化酶的接触。

膨化处理与热喷不同的是最后有一个降压过程。其原理如同爆米花，就是在密闭的膨化设备中经一定时间的高温（200℃左右）、高压（1.5MPa以上）水蒸气处理后突然降压迅速排出，以破坏纤维结构，使木质素降解，结构性碳水化合物分解，从而增加可溶性成分。这两种方法都可以提高秸秆消化率，但是由于设备一次性投资高，加上设备安全性差，限制了其在生产实践中的推广应用。

第四节　秸秆能源化利用技术

秸秆能源化利用主要包括秸秆沼气、纤维乙醇及木质素残渣配套发展、固体成型燃料、秸秆气化、秸秆快速热解和秸秆干馏炭化等方式。秸秆能源化利用的主要任务是：积极利用秸秆生物气化（沼气）、热解气化、固化成型及炭化等发展生物质能，逐步改善农村能源结构；在秸秆资源丰富地区开展纤维乙醇产业化示范，逐步实现产业化，在适宜地区优先开展纤维乙醇多联产生物质发电项目。

1. 秸秆制取沼气

秸秆沼气（生物气化）是指以秸秆为主要原料，经微生物发酵作用生产沼气和有机肥料的技术。该技术充分利用水稻、小麦、玉米等秸秆原料，通过沼气厌氧发酵，解决沼气推广过程中原料不足的问题，使不养猪的农户也能使用清洁能源。秸秆沼气技术分为户用秸秆沼气和大中型集中供气秸秆沼气两种形式。秸秆入池产气后产生的沼渣是很好的肥料，可作为有机肥料还田（即过池还田），提高秸秆资源的利用效率。经研究表明，每千克秸秆干物质可产生沼气 0.35 立方米。因此，秸秆沼气化是开发生物能源，解决能源危机的重要途径。今后要加强农作物秸秆沼气关键技术的开发、引进与应用，探索不同原料、不同地区、不同工艺技术的适宜型秸秆沼气工程，提高秸秆在沼气原料中的比重。要将秸秆沼气与新农村、"美丽乡村"建设和循环农业、生态农业发展相结合，稳步发展秸秆户用沼气，加快发展秸秆大中型沼气工程。

（1）秸秆户用沼气。利用稻草、麦秸等秸秆为主要原料生产沼气，发酵装置和建池要求与以粪便为原料沼气完全相同。主要工艺流程：稻草或麦秸等—粉碎—水浸泡—堆沤（稻草或麦秸等加入速腐剂及部分人、畜粪便）—进池发酵—产气使用。主要环节及技术要点如下。

①原料预处理：有直接堆沤和速腐剂处理2种方法。

a. 直接堆沤法。用粉碎的稻草400千克，按每100千克稻草加100千克水的比例混合均匀润湿15～24小时。翻动稻草，使稻草于水混合均匀，最终使稻草含水率达到65%～70%。堆好后用塑料薄膜覆盖，将秸秆堆成垛（1.2～1.5米宽，1.0～1.5米高），并在堆垛的周围及顶部每隔30～50厘米打一个孔，以利通气。用薄膜或秸秆将堆垛的四周及顶部盖上，底部留缝隙通气。待堆垛内温度达到50℃以上后，维持三天，当堆垛能看到一层白色菌丝时，便可投入池中。以后用粉碎的稻草8～10天定期加入1次。

b. 速腐剂处理法。用粉碎的稻草400千克、0.5～1千克秸秆发酵菌剂、5千克左右碳铵、400千克左右水，10%～30%的接种物。堆沤方法：把秸秆发酵菌剂和稻草混合均匀，可添加适量的碳酸氢铵等氮肥，以补充氮素。混合原料太干，要加足水，然后用薄膜覆盖（方法同a），堆沤7天左右，便可投入池中。以后用粉碎的稻草8～10天定期加入1次。

②投料：将预处理的原料和准备好的接种物混合在一起投入

池内。如在大出料时将接种物留在了池内，将原料投入池内拌匀即可。

③加水封池：原料和接种物入池后，要及时加水封池。现有水压式沼气池以料液量约占沼气池总容积的 90% 为宜。然后将池盖密封。加入沼气池的水可依次选用沼气发酵液、生活废水、河水或坑塘污水等；水温应尽可能的提高，如日晒增温或晴天中午取水。但不得使用含有毒性物质的工业废水。

④放气试火：沼气发酵启动初期，通常不能点燃。因此，当沼气压力表压力达到 400 毫米水银柱时，应进行放气试火，放气 1~2 次后，所产沼气可正常点燃使用时，沼气发酵启动阶段即告完成。

⑤定时进、出料：当沼气发酵启动之后，即进入正常运转阶段。为了维持沼气池的均衡产气，启动运行一定时间后，就应根据产气效果的变化确定补料。正常运转期间加入池的稻草、麦秸等原料，粉碎并用水或发酵液浸透即可。为了便于管理和均衡产气，最好每隔 8~10 天补料 1 次。产气量不足时，则应每 5~7 天添加稻草一次。补料时要先出后进，每次出料的发酵液可以循环使用。

⑥大换料：若实行秋季一年一次大换料，并以成批投料为主时，启动投料浓度在 8%~10%，到次年春末不必添料，以后产气量不足时每月添料 1~2 次，每次添料 40~80 千克干物质。大换料要求池温 15℃ 以上季节进行，低温季节不宜进行大换料。大换料时应做到以下几点：大换料前 5~10 天应停止进料启动；要准备好足够的新料，待出料后立即重新进行启动；出料时尽量做到清除残渣，保留细碎活性污泥，留下 10%~30% 的活性污泥为主的料液作为接种物。

⑦定期搅拌：水压式沼气池无搅拌装置，可通过进料口或水压间用木棍搅拌，也可以从水压间淘出料液，再从进料口倒入。

浮料结壳并严重影响产气时，则应打开活动盖进行搅拌。冬季减少或停止搅拌。

⑧增保温措施：常温发酵沼气池，温度越高沼气产量越大。应尽量设法使沼气池背风向阳。冬季到来之前，防止池温大幅度下降和沼气池冻坏，应在沼气池表面覆盖柴草、塑料膜或塑料大棚。"三结合"沼气池，要在畜圈上搭建保温棚，以防粪便冻结。农作物秸秆等堆沤时产生大量热量。正常运转期间可在池上大量堆沤稻草，给沼气池进行保温和增温。覆盖法进行保温或增温，其覆盖面积都应大于沼气池的建筑面积，从沼气池壁向延伸的长度应稍大于当地冻土层深度。

⑨安全生产与管理：沼气发酵启动进过程中，试火应在燃气灶具上进行，禁止在导气管口试火；沼气池在大换料及出料后维修时，要把所有盖口打开，使空气流通，在未通过动物实验证明池内确系安全时，不允许工作人员下池操作；池内操作人员不得使用明火照明，不准在池内吸烟；下池维修沼气池时不允许单人操作，下池人员要系安全绳，池上要有人监护，以防万一发生意外可以及时进行抢救；沼气池进出料口要加盖；输气管道、开关、接头等处要经常检修，防止输气管路漏气和堵塞，水压表要定期检查，确保水压表准确反映池内压力变化，经常排放冷凝水收集器中的积水，以防管道发生水堵；在沼气池活动盖密封的情况下，进出料的速度不宜过快，保证池内缓慢升压或降压；在沼气池日常进出料时，不得使用沼气燃烧器和有明火接近沼气池。

（2）秸秆大中型沼气工程。兴建大中型秸秆集中供气沼气工程，将可再生能源开发利用与种植业、养殖业和生态环境保护有机结合起来，充分利用农村秸秆资源，发展低碳经济，从而达到农业秸秆类废弃物的减量化排放、资源化利用、无害化处理的目标。农业部规划设计研究院农村能源环保所以"十一五"科技支撑计划项目为依托，优化集成了"秸秆一体化两相厌氧发酵"工艺技术，目前已得到比较广泛的推广。比如在天津静海县兴建的一座1 200立方米大型发酵罐的集中供气示范工程（总投资350万元，由村集体经济组织出资），产气率比一般沼气发酵罐高20%，年产沼气供给近1 000户农民煮饭等生活用气（智能卡收费，1.5元/立方米），一年可以消化2 000吨秸秆。其主要特点：首先在预处理上，在秸秆发酵前的预处理过程中引入畜牧业的青贮技术，既解决了秸秆的保存及消化问题，又能促进其后期发酵；在进料方式上，通过优化设计饲料行业敞开式的气动输送设备，实现了大粒径物料的密闭输送；在"厌氧消化反应器"结构上，是在同一发酵罐中将产酸和产甲烷分开在不同区域，使产酸和产甲烷的菌种分别达到最佳的发酵效果，增强了不同菌种间的互补和协同作用，提高了产气效率；此后又将沼液回流至集料池与进料混合，实现了物料的多次接种，进一步提高了产气效率。另外，该工艺产生的液态消化物由系统内部循环利用，无沼液外排，沼渣含水率低，不需脱水即可做肥料使用，有效地解决了产气后大量沼渣沼液的运输难题。随着农村经济的快速发展，目前，很多农村的村民不再养猪，大量已经建立的农村沼气池粪源紧缺，用秸秆作原料发展沼气是拓展沼气适用范围的重要举措。这项技术具有四大优势：一是沼气热值高，每立方米5 500大卡。二是气体无毒，不存在焦油二次污染问题。三是发酵呈连续性，贮气柜总保持一定燃气贮备，不用每天2～3次启动机组，管理容易，操作简便。四是发酵后，沼渣可生产有机肥料，大大提高了秸秆的资源化利用效益。在作物秸秆资源丰富的农区以村为单位建设秸秆沼气站进行集中供气，显示出广阔的发展前景。

近年来，我国秸秆大中型沼气工程建设快速发展，质量可靠，工艺先进，技术成熟，使用效果良好。同以粪便为原料的大中型沼气工程相比，秸秆大中型沼气工程的主要技术要点如下：

①简单、快速、高效的秸秆预处理技术：秸秆的木质纤维素含量较高，不易被厌氧菌消化，厌氧发酵产气量低、经济效益差，这是导致秸秆不能够被大规模用于沼气生产的主要原因。解决的方法就是在厌氧发酵前，对秸秆进行物理、化学或生物预处理，预先把秸秆转化成易于消化的"食料"，来提高秸秆的生物消化性能、产气率和经济性。常温、固态氢氧化钠化学预处理技术，可使秸秆的产气量提高50%以上，使秸秆的产气率超过牛粪的产气率。固态化学预处理不产生任何废液，没有任何环境问题，在常温下进行，处理方法简单，处理成本低。为以秸秆为原料规模化生产沼气提供了前提。

②适合秸秆物料特性的高效厌氧发酵反应器：秸秆的密度小、体积大、且不具有流动性，无法连续进料、出料和进行连续的厌氧发酵。因此，现有用于畜禽粪便生产沼气的反应器都无法直接用于秸秆的沼气生产。针对秸秆的物料特性，创新性地设计出了秸秆厌氧发酵专用卧式反应器。该反应器采用卧式布置，带有强化搅拌装置，可大大提高发酵料与微生物之间的传热、传质效果，显著提高发酵效率；采用批式厌氧消化，进料、出料完全机械化，自动化程度高。

③秸秆发酵工艺及参数优化：由于秸秆的物理化学性质及其生物降解特性的不同，秸秆厌氧消化和一般物料（如畜禽粪便等）的厌氧消化工艺和参数有很大的不同。通过多年的试验研究，确定了秸秆厌氧消化工艺和主要参数，包括为改善秸秆的可生物消化性能增加的化学预处理过程；由于进料、出料困难，采用批式或半连续进料、出料，发酵工艺相应地采用批式或半连续方式；确定了秸秆的消化时间和有机负荷率低等。

2. 秸秆固体成型燃料

秸秆固体成型燃料是指在一定温度和压力作用下，利用农作物玉米秆、麦草、稻草、花生壳、玉米芯、棉花秆、大豆秆、杂草、树枝、树叶、锯末、树皮等固体废弃物，经过粉碎、加压、增密、成型，成为棒状、块状或颗粒状等成型燃料，从而提高运输和贮存能力，改善秸秆燃烧性能，提高利用效率，扩大应用范围。秸秆固化成型后，体积缩小 6～8 倍，密度为 1.1～1.4 吨/立方米，能源密度相当于中质烟煤，使用时火力持久，炉膛温度高，燃烧特性明显得到改善，可以代替木材、煤炭为农村居民提供炊事或取暖用能，也可以在城市作为锅炉燃料，替代天然气、燃油。

国内有关专家通过对秸秆压块成型的主要技术、工艺设备、经济效益和社会效益的分析，确定了秸秆压块成型燃料在我国进行产业化生产是可行的。秸秆压块成型燃料生产具有显著的经济效益，不仅能节约大量的化石能源，又为 2 吨以下的燃煤锅炉提供了燃料，有广阔的应用情景。秸秆燃料块燃烧后烟气中 CO、CO_2、SO_2、NOx 等成分的排放均低于目前燃煤锅炉规定的排放标准，达到了国家的环保要求，生态环保效益明显。因此秸秆固体成型燃料生产在国内广大农村、城镇实行产业化，具有良好的发展前景。

根据国家发改委生物质固体成型燃料发展规划，在 2010 年前，结合解决农村基本能源需要和改变农村用能方式，开展生物质固体成型燃料应用示范点建设，达到年消耗固体成型燃料 500 万吨，代替标煤 250 万吨，我国政府将在"十一五"期间，投入大量的财力和人力，在全国范围内重点推广生物质能源利用技术。国家经贸委、财政部、国家税务总局相继颁发了关于进一步开展资源综合利用的意见、资源综合利用目录及综合利用产品增值税优惠政策，财政部制定了《秸秆能源化利用补助资金管理办法》等财政扶持政策。今后应积极研发和引进秸秆固体成型燃料机械和关键技术，建立秸秆成型燃料示范基地，在秸秆电厂周边和秸秆资源丰富地区布置秸秆成型燃料生产企业，推动秸秆固体成型燃料的产业化开发。

3. 秸秆快速热解生产生物质油

秸秆快速热解制取生物质油是利用农作物秸秆、林业废弃物等采用常压、超高加热速率（10^3 开/秒 ~ 10^4 开/秒）、超短产物停留时间（0.5 ~ 1 秒）及适中的裂解温度（500℃左右），使生物质中的有机高聚物分子隔绝空气的条件下迅速断裂为短链分子，生成含有大量可冷凝有机分子的蒸汽，蒸汽被迅速冷凝，同时获得液体燃料、少量不可凝气体和焦炭。液体燃料被称为生物油，为棕黑色黏性液体，基本不含硫、氮和金属成分，是一种绿色燃料。快速热解液化生产过程在常压和中温下进行，工艺简单，成本低，装置容易小型化，产品便于运输、储存。

生物质快速热解生产液体燃料加热速率极快，滞留时间极短且产物快速冷却，是一个瞬间完成的过程。该技术始于 20 世纪 70 年代末，迄今，为降低快速热解法的生产成本，各国已经对多种反应器和工艺进行了研究，特别是欧、美等发达国家，在进行全面的理论研究的基础上，已建立了相应的试验装置。快速热解法生产的液体燃料可以替代许多锅炉、发动机及透平机所用的燃油，而且还可以从中萃取或衍生出一系列化学物质，如食品添加剂、树脂、药剂等。由于生成的是液体燃料，所以，可以很容易地储存和运输，不受地域限制，也正因为这些优势，快速热解技术越来越受到关注，工艺发展有了长足的进步。

生物质的快速热解液化最大的优点在于其产物生物油易存贮、运输，为工农业大宗消耗品，不存在产品规模和消费的地域限制问题，生物油不但可以简单替代传统燃料，而且还可以从中提取出许多较高附加值的化学品。通过分散热解，集中发电的方式，热解生物油通过内燃机、燃气涡轮机、蒸汽涡轮机完成发电，这些系统可产生热和能，能够达到更高的系统效率，一般为35% ~ 45%，并且解决了由于发电要求规模效益，大大增加了农林废弃物的运输和储存成本以及场地费用的问题。

秸秆快速热解制取生物质油是一种先进的秸秆热化学转化技术。首先在原料产地将生物质规模适度地分散热解，转化为便于运输和储存的初级液体燃料——生物油，然后将各地热解得到的生物油收集后进行再加工，这样可从根本上解决生物质资源分散和受季节限制等大规模应用的瓶颈问题。生物质快速热解作为能源，能够最大量的处理农林废弃物资源，且产物不存在销路问题，具有良好的经济效益、社会效益和环境效益，是解决农林废弃物能源化的最有效途径。

4. 秸秆气化

秸秆热解气化是以农作物秸秆、稻壳、木屑、树枝以及农村有机废弃物等为原料，在气化炉中，缺氧的情况下进行燃烧，通过控制燃烧过程，使之产生含一氧化碳、氢气、甲烷等可燃气体作为农户的生活用能。我国对这项技术开发利用和示范推广工作十分重视，"七五"期间开始进行科研攻关，"八五"期间由国家科委、农业部在山东等地进行试点，从1996年开始在全国各地示范推广。

秸秆燃气的技术原理是利用生物质通过密闭缺氧，采用于溜热解法及热化学氧化法后产生的一种可燃气体，这种气体是一种混合燃气，含有一氧化碳、氢气、甲烷等，亦称生物质气。根据北京市燃气及燃气用具产品质量监督检验站秸秆燃气检验报告得知：可燃气体中含氢15.27%、氧3.12%、氮56.22%、甲烷1.57%、一氧化碳9.76%、二氧化碳13.75%、乙烯0.10%、乙烷0.13%、丙烷0.03%、丙烯0.05%，合计100%。

农民使用秸秆燃气可以从以下两个方面：第一，靠秸秆气化工程集中供气获得。第二，可以利用生物质自己生产。秸秆气化工程一般为国家、集体、个人三方投资共建，一个村（指农户居住集中的村）的气化工程大约需投资50万~80万元，在我国目前大约有 200 多个村级秸秆气化工程。农民自产自用的秸秆燃气，主要靠家用制气炉进行生物质转化，投资不大，一般在 300～700 元。

秸秆气化炉亦称生物质气化炉、制气炉、燃气发生装置等，在气化炉中，分直燃（半气化）式和导气（制气）式气化炉。其中导气式气化炉中又分上吸式、下吸式、流化床气化炉。直燃式与导气式气化炉在广告词中，不少读者容易被误导。直燃式气化炉是适用二次进风产生二气化燃烧，而导气式气化炉是运用热化学反应原理产生可燃气体燃烧。制气炉具有生物质原料造气，燃气净化，自动分离的功能。当燃料投入炉膛内燃烧产生大量 CO 和 H_2 时，燃气自动导入分离系统执行脱焦油、脱烟尘，脱水蒸气的净化程序，从而产生优质燃气，燃气通过管道输送到燃气灶、点燃（亦可电子打火）使用。

以秸秆为原料的气化技术，主要适用于以自然村为单位实行集中供气进行建设。秸秆气化可以产生清洁的秸秆燃气，可以用来用作农村户用燃气或城市煤气等，具有较好的发展空间和机遇。在秸秆气化工程建设的同时，应加强气化站运行管理工作和经营模式的有益探索，确保气化站的正常运转和供气。

5. 秸秆发电

秸秆发电就是以农作物秸秆为主要燃料的一种发电方式，又分为秸秆气化发电和秸秆燃烧发电。秸秆气化发电是将秸秆在缺氧状态下燃烧，发生化学反应，生成高品位、易输送、利用效率高的气体，利用这些产生的气体再进行发电。但秸秆气化发电工艺过程复杂，难以适应大规模应用，主要用于较小规模的发电项目。秸秆直接燃烧发电技术是指秸秆在锅炉中直接燃烧，释放出来的热量通常用来产生高压蒸汽，蒸汽在汽轮机中膨胀做功，转化为机械能驱动发电机发电。该技术基本成熟，已经进入商业化应用阶段，适用于农场以及平原地区等粮食主产区，便于原料的大规模收集，是 21 世纪初期实现规模化应用比较现实的途径。

秸秆发电是秸秆优化利用的主要形式之一。随着《可再生能源法》和《可再生能源发电价格和费用分摊管理试行办法》等的出台，秸秆发电备受关注，目前秸秆发电呈快速增长趋势。秸秆是一种很好的清洁可再生能源，每两吨秸秆的热值就相当于一吨标准煤。在生物质的再生利用过程中，对缓解和最终解决温室效应问题将具有重要贡献。秸秆现已被认为是新能源中最具开发利用规模的一种绿色可再生能源，推广秸秆发电，将具有重要意义。

（1）农作物秸秆量大，覆盖面广，燃料来源充足。

（2）秸秆含硫量很低。国际能源机构的有关研究表明，秸秆的平均含硫量只有 0.38%，而煤的平均含硫量约达 1%。且低温燃烧产生的氮氧化物较少，所以，除尘后的烟气不进行脱硫，烟气可直接通过烟囱排入大气。丹麦等国家的运行试验表明秸秆锅炉经除尘后的烟气不加其他净化措施完全能够满足环保要求。所以，秸秆发电不仅具有较好的经济效益，还有良好的生态效益和社会效益。

（3）各类作物秸秆发热量略有区别，但经测定，秸秆热值约为 15 000 千焦/千克，相当于标准煤的 50%。其中，麦秸秆、玉米秸秆的发热量在农作物秸秆中为最小，低位发热量也有 14.4 兆焦/千克，相当 0.492 千克标准煤。使用秸秆发电，可降低煤炭消耗。

（4）秸秆通常含有 3%~5% 的灰分，这种灰以锅炉飞灰和灰渣/炉底灰的形式被收集，含有丰富的营养成分如钾、镁、磷和钙，可用作高效农业肥料。

（5）作为燃料，煤炭开采具有一定的危险性，特别是矿井开采，管理难度大。农作物秸秆与其相比，则危险性小，易管理，且属于废弃物利用。

农作物秸秆资源是新能源中最具开发利用规模的一种绿色可再生能源。秸秆为低碳燃料，且硫含量、灰含量均比目前大量使用的煤炭低，是一种较为"清洁"的燃料，在有效的排污保护措施下发展秸秆发电，会大大地改善环境质量，对环境保护非常有利。

目前生物质能秸秆发电技术的开发和应用，已引起世界各国政府和科学家的关注。许多国家都制订了相应的计划，如日本的"阳光计划"，美国的"能源农场"，印度的"绿色能源工厂"等，它们都将生物质能秸秆发电技术作为 21 世纪发展可再生能源战略的重点工程。根据我国新能源和可再生能源发展纲要提出的目标，至 2010 年，中国生物质能发电装机容量要超过 300 万千瓦。因此，从中央到地方政府都制定了一系列补贴政策支持生物质能技术的发展，加快了技术商业化的进程。随着我国国民经济的高速发展和城乡人民生活水平的不断提高，既有经济、社会效益，又能保护环境的秸秆发电技术的利用前景将会越来越广阔。

我国生物质能资源非常丰富，农作物秸秆资源量超过 7 亿吨，其中，6 亿吨可作能源使用。国家通过引进、消化、吸收国外先进技术，嫁接商品化、集约化、规模化的管理经验，结合中国国情，在农村推广实施秸秆发电技术，在节省不可再生资源、缓解电力供应紧张等方面，都具有特别重要的意义。

6. 秸秆生产纤维乙醇

依托秸秆纤维乙醇产业化技术优势，强调秸秆资源的综合利用和阶梯利用方式，可采取"醇—气—电—肥"模式建设纤维乙醇工厂，实现木质纤维素分类利用，纤维素生产乙醇，半纤维素生产沼气联产，木质素残渣发电供热，沼渣、沼液制有机肥；可结合现有秸秆电厂，采取"醇—电"联产模式，首先利用秸秆中的纤维素生产乙醇，剩余木质素废渣作为电厂燃料和半纤维素等产生的沼气联产发电；可与现有糠醛木糖厂相结合，纤维素生产乙醇，半纤维素生产糠醛或木糖，木质素残渣发电，重点解决醇、气、电一体化技术和装备系统集成。

7. 秸秆炭化、活化技术

秸秆的炭、活化技术是指利用秸秆为原料生产活性炭技术，因秸秆的软、硬不同，可分为两种生产加工方法。

（1）软秸秆。如稻草、麦秸、稻壳等，可采用高温气体活化法，即把软质秸秆粉碎后在高压条件下制成棒状固体物，然后进行炭化，破碎成颗粒，通过转炉与900℃左右水蒸汽进行活化造孔，再经过漂洗、干燥、磨粉等工艺制成活性炭。

（2）硬度较强的秸秆。如棉柴、麻杆等，可采用化学法。即把硬质秸秆粉碎成细小颗粒状，筛分后烘干水分控制在25%左右。经过氯化锌、磷、酸、盐酸等，配制成适合的波美度和pH值溶液浸泡4～8小时，进行低温炭化（250～350℃）和高温活化（360～450℃），再经回收（把消耗的原料稀出再经过煮、漂洗、烘干、筛分、磨粉等工艺）制成活性炭。

第五节　秸秆基料化利用技术

秸秆基料化主要的形式是秸秆培植食用菌。食用菌自身不能合成养料。秸秆富含食用菌所必需的糖分、蛋白质、氨基酸、矿物质、维生素等营养物质，以秸秆为原料生产食用菌，不仅能提高食用菌的产量、品质，还可以充分利用我国丰富的秸秆资源。一般秸秆粉碎后可占食用菌栽培料的75%～85%。草腐菌可以100%地利用稻草做基料进行栽培，木腐菌的基料同样也可以用一定比例的稻草替代木屑，替代比例可以高达40%。秸秆袋料栽培食用菌，是目前利用秸秆生产平菇、香菇、金针菇、草菇、大球盖菇的常用方法，投资少、见效快，深受农民欢迎。而且，如果大面积推广利用农作物秸秆生产食用菌，不仅能变废为宝，还能为农民增收、农业增效、开发有机农业发挥积极作用。农作物秸秆用于栽培食用菌之后，废渣既可以回田下地，作为良好的有机肥料，使大田作物丰收，产量增加，又可作为营养丰富的牲畜饲料，这些都能促进农业生产的良性循环。今后重点要朝着筛选出适宜在不同作物秸秆上栽培的高产、优质菌株的方向发展，不断优化菌种制作、培养料配制及出菇管理技术。

1. 秸秆栽培平菇技术

（1）培养料及配方。常用的栽培配方如下。

①棉籽壳 55 千克、豆秸 35 千克、麸皮 5 千克、豆饼 2 千克、过磷酸钙 1 千克、石膏 1 千克、石灰 1 千克、尿素 0.2 千克。

②玉米芯 60 千克、玉米秆 35 千克、石膏 2.5 千克、尿素 0.2 千克、过磷酸钙 2.3 千克。

③花生壳 78 千克、麸皮或米糠 20 千克、石膏 1 千克、蔗糖 1 千克。

④麦秸或稻草 80 千克、麸皮或米糠 5 千克、玉米粉 10 千克、过磷酸钙 2 千克、石膏 1 千克、尿素 1 千克、蔗糖 1 千克。

（2）培养料的处理与发酵。

①处理：将玉米心粉碎成黄豆大小的颗粒，花生壳碾碎，其他秸秆截成小段并碾碎。拌料前先将场地打扫干净，用 0.2% 多菌灵或 3% ~5% 石灰水消毒。拌料时将石膏、磷肥、蔗糖、尿素等可溶于水的辅料溶于清水中，制成拌料液，再将不溶于水的辅料从少到多混拌均匀，最后将拌料液和辅料与主料调拌均匀，加清水使料中含水量约 60%（用力抓握培养料指缝间有水印但无水滴）。

②发酵：将配好的培养料建成下底宽 1.5 米，上底宽 1 米，高 0.8 ~1.2 米，长度不限的梯形堆，用细木棒在侧面每隔 40 厘米向料中心斜插一孔洞。料内温度上升到 60℃ 时维持 24 小时，

然后翻堆一次。待料内温度再次升至 60℃ 再维持 24 小时，再翻堆，如此连翻 3 次即可。

（3）播种。

①菌种选择：平菇有低温、低中温、中温和高温 4 个温度类型，应根据当地不同的气候特征，选择相应温度型的品种，早春、晚秋和冬季选择低温型和低中温型，春季和秋季选择中温型，晚春、早秋和夏季选择高温型。

②播种：发酵料栽培以袋栽效果较好，可选用 25 厘米 ×60 厘米的聚乙烯或聚丙烯塑料袋。

（4）发菌。将接种好的菌袋移入菇棚，气温较低时，可摆成四层的垛，菌袋间插入温度计，每天检查几次，当料温超过 30℃ 时及时翻垛。经 25 天左右菌丝即可发满，转入出菇阶段。

（5）出菇管理。解去发好的菌袋上的线绳，将袋口拉开，保持菇棚内空气相对湿度在 90% 左右，增加通风换气和光照，不久便会形成大量菇蕾。然后加大喷水量，使空气相对湿度在 95%～98%，增加通风换气，以利于籽实体的形成。

（6）采收。从菇蕾形成到籽实体成熟一般 5～7 天。平菇采收的最佳时期为籽实体 80%～90% 成熟，即菌盖边缘尚未展平，菌盖与菌柄交界处无白色绒毛。头潮菇采收后及时补充水分，以利于下潮菇生长。

2. 秸秆栽培草菇技术

利用秸秆栽培高温型食用菌草菇，使作物秸秆成为一种可开发利用的生物再生资源，既降低草菇的生产成本，丰富人民的菜篮子，又解决了夏季食用菌产品严重缺乏的难题。

（1）品种特性与栽培适期。草菇为夏季栽培的高温速生型菇类，从种到收只要 10～15 天，生产周期不过 1 个月。菌丝体生长温度范围为 15～36℃，最适宜温度为 30～35℃，子实体生长温度为 26～34℃，最适宜为 28～30℃。从堆料到出菇结束约 1

个多月，是目前规模栽培的食用菌中需求温度最高，生长周期最短的栽培品种，草菇在甘肃省栽培适温期短，适宜的栽培季节为7月初至10月上旬，一般在麦收之后开始进行生产。

（2）原料选择。适合草菇栽培的原料广泛，麦秸、玉米秸、玉米芯、棉籽壳及花生壳等均可作为栽培基质用于草菇生产，栽培料应选用颜色金黄、足干、无霉变的新鲜原料，用前先暴晒2～3天。

（3）场地选择与处理。栽培草菇的场地既可是温室大棚，也可在闲置的室内、室外、林下、阳畦、大田与玉米间作、果园等场地，大棚要加覆盖物以遮阴控温，新栽培室在使用前撒石灰粉消毒，老菇棚可用烟熏剂进行熏蒸杀虫灭菌。

（4）原料的处理。原料采用高量石灰碱化处理。即在菇棚就近的地方，挖一长6米，宽2.5米，深0.8米左右的土坑（土坑大小可根据泡秸秆多少而定），挖出的土培在土坑的四周以增加深度至1.5米，坑内铺一层厚塑料膜，然后一层麦秸，一层石灰粉，再一层麦秸，再一层石灰粉，如此填满土坑，最上层为石灰粉，石灰总量约为麦秸总量的8%。再在麦秸上面加压沉物以防止麦秸上浮。最后，往土坑里灌水，直至没过麦秸为止。同时，把约占麦秸总量8%～10%的麸皮装袋放入坑中，浸泡24～36小时。

（5）入棚、建畦、播种。把泡过的麦秸挑出，沥水30分钟后入棚。按南北方向建畦，畦宽0.9～1.0米，先铺一层20厘米左右的秸秆，并撒上一层处理过的麸皮。用手整平稍压实后播第一层种。按0.75千克/平方米的播种量，取出1/3的菌种掰成拇指肚大小，再按穴距和行距均为10厘米左右播种，靠畦两边分别点播两行菌种，中间部位因料温会过高而灼伤菌种故不播；之后再铺一层厚为15厘米左右的草料和麸皮，把剩余2/3的菌种全部点播整个床面，然后再在床面薄薄地撒一层草料，以保护菌种且使菌种吃料快。最后用木板适当压实形成弧形，以利覆土，料总厚度约为 30～35 厘米，畦间走道宽 30 厘米。

（6）覆土、盖膜。把畦床整压成弧行后，在料面上盖一层次 2～4 厘米的黏性土壤，可在走道上直接取土，使之形成了蓄水沟和走道。最好在覆土内拌入部分腐熟的发酵粪肥。覆土完毕，在畦面盖一层农膜以保温保湿，废旧膜要用石灰水或高锰酸钾消毒处理。覆膜完毕在料内插一温度计，每天观察温度，控制在适宜温度之内，料温不超过 40℃。如超过 40℃ 应立即撤膜通风，在畦床上用木棍打眼散热。

（7）发菌、支拱。覆膜 3 天后，每天掀膜通风几次，每次10～30 分钟。至第 7～8 天，菌种布满床面，等待出菇，此时应在畦面上支拱，拱上覆薄膜。两头半开通风，两边不要盖得太严。因草菇对覆土及空气湿度要求较严，拱膜可保持温度和湿度稳定，如温、湿度适宜，也可不用拱棚。

（8）出菇管理。播种后 10 天左右，便开始出菇，此时，要注意掀膜通风。待出菇多时，在走道内灌水保湿或降温。如温、湿度适宜要撤膜通风换气，保持菇床空气新鲜，温度不宜超过36℃，以防止高温使菇蕾死亡，如见畦床过干，不可用凉水直接喷洒原料或菇蕾，而要在棚边挖一小坑，铺上薄膜，放入凉水预热后使用。整个出菇过程要严格控制温度、湿度，并适当通风。草菇对光照无特别要求，出菇期给予散射光即可保证子实体正常发育。草菇虫害主要有螨类、菇蝇和金针虫等，可在铺料前用90% 敌百虫 700～800 倍液处理土壤或用 80% 敌敌畏乳油 800～1 000倍液喷雾防治。

（9）采收。草菇子实体发育迅速，出菇集中，一般现蕾后3～4 天采摘，每潮采收 4～5 天，每天采 2～3 次。隔 3～5 天后，第二潮又产生，一般采 2～3 潮，整个采菇期 15 天左右，第一潮菇约占总产量的 80% 以上。当子实体由基部较宽，顶部稍尖的宝塔形变为蛋形，菇体饱满光滑，由硬变松，颜色由深入浅，包膜未破裂，触膜时中间没空室时应及时采摘，通常每天早中晚各采收 1 次，开伞后草菇便失去了商品价值。

3. 秸秆栽培大球盖菇技术

大球盖菇是许多欧美国家人工栽培的食用菌之一，由于它具有许多优良的经济性状和栽培性状，也成为联合国粮农组织向发展中国家推荐栽培的食用菌之一。20 世纪 90 年代初，开始引入我国福建地区进行试种，并且取得了成功。近几年发展迅速，在我国的福建、江西、浙江、安徽等省一带均有大量栽培，为利用农作物秸秆如麦草、稻草提高到了一个新的水平。由于大球盖菇的适应性强，容易栽培，而且市场前景非常好。大球盖菇色泽艳丽，营养丰富，它们的肉质细嫩，盖滑柄脆，清香可口，根据专家测定，经常食用大球盖菇，可以有效防治神经系统、消化系统疾病和降低血液中的胆固醇。它们也因此而深受消费者的欢迎。

（1）栽培方式和工艺。室外生料栽培的工艺为：整地作畦—场地消毒—浸草预堆—建堆播种—发菌—覆土—出菇及管理—采收。

（2）栽培用原料。多种农作物秸秆均可利用，如麦秸、稻草、亚麻秆等，但必须洁净，无霉变。

（3）栽培季节和场所。根据大球盖菇生长发育所需要的温度，参考当地的气候特点，掌握生产期，一般秋季至翌年春季都可栽培。菇棚、阳畦、土温室等园艺设施都可使用。

（4）栽培方法。

①整地作畦：首先做畦高 10 ~ 15 厘米、宽 90 厘米、长 1 500 厘米左右。具体做法是：先取一部分表土放在旁边，供以后覆土使用，然后把地整成垄，中间高，两侧低。

②场地消毒灭虫：整地作畦之后，要进行消毒灭虫处理。灭虫可用敌百虫、马拉硫磷等，还可在畦上浇 1% 茶籽饼水，以防

蚯蚓危害。然后在场地或畦上撒一薄层石灰消毒。

③浸草预湿：稻草麦秸都必须浸水，吸足水分，浸水时间一般 2 天左右，需换水 1~2 次。浸足水后，捞出自然滴水 12~24 小时，以使含水量达到 70%~75%。

④建堆播种：每平方米用干草 20 千克左右，按畦的大小建堆，用菌种 700~800 克。当堆到 8 厘米左右，点播菌种，菌种以小核桃大小为宜。穴播，穴距为 10 厘米左右。接着再铺上一层料，约 7~8 厘米。然后加盖旧麻袋、草帘、报纸等覆盖物（也有直接覆土，上面再覆稻草不露土为止，利于保湿）。

⑤发菌：发菌期堆温以 22~28℃ 为适，大气相对湿度 85%~90% 为宜。

⑥覆土：播种 30 天左右，菌丝基本长满料，需覆土 3~4 厘米。

⑦出菇期管理：覆土后，要喷细水，2~3 天后，料中的菌丝即可长入土层。数天后即可有大量子实体形成。出菇期间，保持温度 15~20℃，大气相对湿度 85%~95%，经常通风换气。一般子实体从原基形成至采收只需 5~10 天。在适宜的栽培条件下，100 千克干料出鲜菇 50 千克。

第六节　以秸秆为原料的加工业利用技术

秸秆原料化利用主要包括秸秆造纸、秸秆生产板材、秸秆制工艺品、秸秆生产糠醛、木糖醇等。经辗磨处理后的秸秆纤维与树脂混合物在金属模中加压成型处理，可制成各种各样的低密度纤维板材；再在其表面加压和化学处理，可用于制作装饰板材和一次成型家具，具有强度高、耐腐蚀、防火阻燃、美观大方及价格低廉等特点。这种秸秆板材的开发，对于缓解国内木材供应数量不足和供求趋紧的矛盾、节约森林资源、发展人造板产业具有十分重要的意义。尤其是麦秸的主要化学组份与阔叶木材十分类似，是木材的良好可替代原材料，可用来造纸；还可用来生产一次性卫生筷、快餐盒，使用后可自然生物降解，无毒无害不产生任何环境污染；还可以用来生产复合彩瓦，秸秆复合彩瓦的生产原料以农作物秸秆、锯末及各种石粉为主，特别是农作物秸秆来源广泛，廉价易得，生产的秸秆复合彩瓦价格将十分低廉，同时，其生产不受地域、气候、季节、环境影响；秸秆还可以用来编织各式各样的编织品，如草帘、草包、草苫可用作保温材料和防汛器材，编织草帽、草垫、秸秆花瓣、精密席面等工艺品和日用品。此外，还可以作为生产纤维素的优质工业原料。工业领域应用发展迅速，秸秆人造板、秸秆木塑等高附加值产品实现了产业化生产，部分产品已在奥林匹克公园、奥运村、世博会等多项重大工程中得到应用。今后秸秆原料化的主要任务是：推动秸秆原料化大宗利用项目建设，因地制宜发展秸秆造纸、秸秆生产板材和制作工艺品，示范发展秸秆生产木糖醇，提高秸秆原料化、基料化利用水平。

1. 秸秆生产板材

秸秆板材的研制成功，向社会提供了一种新型健康材料，同时秸秆板材也有效解决了农作物秸秆的综合利用，开创了一条用秸秆替代或部分替代木材原料的制造板材新路子。今后要结合各地实际，引进秸秆板材生产线，在适宜的区域建立秸秆板材生产车间；继续加强对秸秆板材的生产工艺和技术的研究力度，促使秸秆人造板材的绿色化生产。

（1）秸秆板材的基本特点。秸秆（麦秸、稻草等）与木材原料相比，纤维长度较短，抽提物含量较高，灰分比例较大，表面含有丰富的不利于胶合的物质，易腐、易燃、易霉，这些基本特点决定了要采用特殊的原料加工工艺。实验表明，用传统的合成树脂胶（脲醛树脂胶、酚醛树脂胶等）不能实现麦秸和稻草的良好胶合，将麦秸或稻草用热水或 NaOH 溶液进行抽提处理后，再用传统的氨基树脂压板，产品的强度亦不能维持长久。因此，选择合适的胶种是影响秸秆利用的重要因素。目前，我国利用麦秸或稻草生产各类板材，基本上都是采用异氰酸酯胶黏剂（MDI），该胶黏剂具有胶合强度高、用胶量低可在高含水率下胶合等优点，美中不足的是价格昂贵，造成产品单位成本升高。异氰酸酯胶黏剂还存在一个缺点，即在热压过程中会有粘板现象。

目前，国内企业界主要通过以下 4 种方式来解决粘板问题。

①使用表面涂聚四氟乙烯材料的垫板或将不粘涂料直接涂在垫板上。

②采用内脱模剂或者外脱模剂。

③在表面覆以隔离层（纸及施加传统脲醛树脂的刨花或纤维），板坯热压后再通过砂光把隔离层去除。

④在表面覆以一定量的施加脲醛树脂胶的木刨花或木纤维，芯层为施加异氰酸酯树脂的秸秆原料，制成三层结构板。

最新的研究结果表明，将麦秸或稻草首先经过喷蒸热处理，继而再用纤维解离设备将秸秆高度分离，尽可能使秸秆原料呈纤维状，将秸秆表面含有的不利于胶合的物质有效分散，然后经过干燥，再施加一定量的气流醛树脂胶，可以使板材获得比较理想的胶合性能。南京林业大学研究人员分别以麦草和稻草为原料进行纤维解离或原料破碎，得到秸秆纤维和刨花，施加脲醛树脂胶黏剂后制成的中密度纤维板或碎料板，产品性能可望符合中国有关标准的要求。如果用生物技术方法对秸秆进行表面脱蜡处理，处理后的秸秆用脲醛树脂胶进行胶合，也取得了比较理想的试验结果。

（2）秸秆板材利用的基本模式。我国目前利用秸秆作为材料工业原料大致可分为以下 4 种模式。

①秸秆碎料板：秸秆碎料板是以麦秸或稻草为原料，采用类

似于木质刨花板生产工艺制成的一种板材。目前，在中国山东汶上县和江苏建湖县正在建设两条秸秆碎料板生产线。

秸秆碎料板生产过程：将从农村收集的秸秆用专门的切草设备加工成短秆单元，再借助粉碎设备制成微粒状碎料，通过干燥机将含水率降至 6%～8%，施加 4%～5% 异氰酸酯胶，用气流或机械式铺装机铺装板坯，经预压、热压后得到一定厚度的素板，再经冷却、裁边和砂光等后期处理便获得最终产品。经测定，用异氰酸酯胶压制的秸秆碎料板物理力学性能可满足中国刨花板标准的要求。

②秸秆中密度纤维板：我国的科技人员已经在实验室进行试验并在正式工业生产线上得到验证，以麦草或稻草为原料，以改进脲醛树脂为胶黏剂，可以制得性能符合我国中密度纤维板标准要求的产品。其生产工艺过程与现有的木质中密度纤维板生产相似。基于原料本身的特点，反映在工艺和设备上有以下不同之处。

a. 原料破碎后不宜在立式料仓里存放，多用卧式料仓囤积。

b. 原料在热处理过程中输送以采用卧式螺旋运输为宜。

c. 由于秸秆纤维解离过程中，所要求的磨片形状及所消耗的动力与木材解离不尽相同，故推荐采用低压或常压纤维解离工艺。

d. 为保证产品获得足够的强度，应采用经过改性的脲醛树脂胶，还可以考虑加入适量的偶联剂。

e. 考虑到秸秆纤维可能会产生结团现象，故推荐采用有疏松功能的机械式纤维铺装头。

③秸秆轻质墙体内衬材料：秸秆主体为秆状材料，中空，本身有良好的隔热保温功能，古时候就多用作建筑墙体。今天在发挥秸秆本身固有优点的同时，借助现代化科学技术，制造新一代的秸秆墙体内衬材料已经成为可能。目前，我国已有两种生产

方法。

a. 以上海人造板机器厂引进消化英国技术为代表的挤压法秸秆墙体成套工艺与设备，该方法的特点是，将秸秆原料在不加胶黏剂的情况下，通过高温挤压成块状墙体材料，可以是实心体，也可以是空心体。这种墙体通常替代岩棉或珍珠岩作为框架式组合墙体的内衬保温材料。

b. 以南京林业大学发明专利为代表的平压法秸秆复合墙体成套工艺与设备，该方法的特点是：将秸秆先加工成一定长度的秆状单元，借助筛选装置去除皮、叶，稍事干燥后，施加2%左右的异氰酸脂胶，用机械方法铺装成一定幅面和厚度的板坯，借助喷蒸压机用低压压成低密度(0.25~0.35克/立方厘米) 轻质保温内衬材料。据测试，其导热系数与岩棉等相似。取水泥板、石膏板或水泥刨花板、石膏刨花板作为面层材料，中间以轻质秸秆板为内芯，通过机械方法或者胶结方法组合成复合墙体。上述加工过程，可以在工厂中进行预制，施工时按要求在现场组装即可。这种组合墙体可以随建筑结构而自由调整。

④秸秆包装垫枕：每年国家在包装用材方面消耗大量的术材，其中，用作垫枕的木材要求较高，垫枕是截面积为80毫米×80毫米的方形实木，主要用作集装箱底部的支撑。近年来，北美和欧洲国家已经相继宣布限制中国的实木包装箱入境，这就要求寻找新的垫枕。南京林业大学为此发明了用秸秆制造垫枕的专利技术。产品经实际应用得到认可。秸秆垫枕生产过程如下：取收集的麦草或稻草（以稻草为优），通过专用设备加工成纤维束，经烘干后施加改性酚醛树脂胶或异氰酸酯胶，用机械方法铺装成板坯，在喷蒸热压机中加压，达到厚度为80毫米的板子，再经过分割锯成长度为1 220毫米，宽度为80毫米的秸秆垫枕。经测算，这种秸秆垫枕的生产成本要比实木垫枕低。这种秸秆垫枕可以在钢铁厂和造纸厂得到广泛应用。经测定，秸秆垫枕的抗

压强度、握螺钉力及尺寸稳定性可与实木垫枕相媲美。

上述4种秸秆利用模式，国内均可提供成套工艺技术与设备，全国已有很多企业成功建设了秸秆人造板生产线。

（3）农作物秸秆制作板材的加工程序及工艺流程。

①加工程序：

a. 备料。对农作物秸秆进行加工处理，制备所需的原料，将原料与胶黏剂进行均匀混合。

b. 铺装。将混合后的原料进行铺装，形成待热压的板坯。

c. 热压制板。所述热压制板使板坯定型成为所需板材，对板坯进行的热压过程分为压缩、成型和回火处理3个阶段，其中，在成型阶段中的成型温度设定值低于在压缩阶段中的压缩温度设定值，在回火处理阶段中的回火温度设定值处于成型温度设定值与压缩温度设定值之间。

d. 后期处理。对热压后的板材进行后期处理，得到成品。

②农作物秸秆制板的工艺流程：该工艺是先将收购回来的农作物秸秆打捆后储存，进入生产车间后按工艺要求进入粗粉碎机，粗粉碎的物料送入烘干系统去烘干，达到工艺要求水分的烘干物料去除铁石等杂物后进入细粉碎机，细粉碎后的物料要进入分级筛选机进行分离，没达到工艺要求的颗粒物料送回细粉碎机再去细粉碎，达到工艺要求的颗粒物料送入配料罐和MDI胶按工艺要求进行自控喷胶混合，混合好的颗粒物料经铺装机成板坯，经过预压和热压，成型的板材送入电锯机进行修边整理，冷却到工艺要求的温度后再进入砂光机进行砂光，砂光后的秸秆板经过检验合格后，送入成品库待销售。目前，主要分稻草板和秸秆板。

a. 稻草板工艺流程。农作物秸秆→拆捆→清除杂质→加热挤压→贴保护再生纸（可加玻璃纤维层）→切割封边→成品板。

b. 秸秆板工艺流程。农作物秸秆→拆捆→粉碎→清除杂质→研磨→与 MDI（黏结剂）混合→铺装→预压及热压→齐边砂光→成品板。秸秆板可广泛用于家具、地板、包装、建筑等行业，板材厚度为 4~35 毫米，板材的物理性能（防火、防潮、隔热、防霉变）、机械性能（机械加工钻、铣、锯等）及力学性能符国行业标准要求，其发展前景广阔。

目前，国内板材市场以木制板材为主，主要有刨花板（PB）、中密度板（MDF）、结构板（OSB）。自 20 世纪 90 年代以来，西欧等国农作物秸秆制人造板的技术工艺在实践中趋于成熟，由原来的简单压制成形提高到生产优质的人造板材。原材料主要为大麦、小麦、燕麦、水稻、油菜、棉花等秸秆及甘蔗渣等，通过调整加工工艺参数，可生产不同档次的人造秸秆板材。低密度人造秸秆板可用作隔墙、镶嵌板、顶蓬等材料；中密度人造秸秆板可完全替代木制刨花板，有效替代中密度板；高密度人造秸秆板可部分替代定向结构板，弹性模量、断裂模量、内结合力等性能指标高于（不低于）同类木制板材。

美国有关专家认为，人造秸秆板是一种创新产品，经适当工艺处理后生产的秸秆板材其性能将优于目前所获得的各种木制板材。与木制板材生产线比较，农作物秸秆制人造板生产线的工艺流程大致相似，所需操作工人及运行成本相差不大，黏结剂（MDI）成本大，但这可从节省纤维中得到补偿；在原材料方面，秸秆作为一种农业生产的副产品，其资源优势和价格优势是明显的。美国堪萨斯州立大学研究表明，秸秆纤维与木材纤维比较，前者具有强度高、质轻、防水、利于环境保护等优点。

综上所述，利用农作物秸秆制人造板适合当前我国国情，秸秆制人造板项目是社会效益、经济效益和环保效益并重的工程，它将为我国秸秆工业化综合利用开辟了一条新途径。

（4）秸秆板材的用途。秸秆人造板或秸秆材料的主要用途包括以下几种。

①家具及室内装饰材料：经过表面装饰（贴纸、贴单板或贴装饰板等）处理后的秸秆人造板可以替代木质中密度纤维板或刨花板，用于家具制造及室内装修，其工艺条件无须改变。用异氰酸酯制造的人造板不会释放游离甲醛，在家具制造及室内装修中具有独特的优势。

②墙体材料：用秸秆内衬保温材料组装的复合墙体可以用作大空间结构房屋的内隔墙，也可以用作外墙，但裸露在室外的表面需作特殊防水处理。秸秆墙体材料成本低，安装方便，施工简单，可望获得良好的经济效益，此外，用秸秆墙体替代黏土砖，还可以节省大批良田，有巨大的社会效益和环境效益。

③包装材料：用秸秆垫枕或秸秆板材，可以做成各种不同结构和不同规格的包装箱，一方面可以节省木材，降低包装成本，另一方面也避免了实木包装箱出口检疫碰到麻烦而给国家造成的损失。此外，秸秆轻质材料也可以用作包装衬垫材料。

2. 秸秆造纸

小麦秸秆、稻草秸秆等都是较好的造纸原料，秸秆造纸可以缓解木浆纸原料紧张的局面。目前，已有很多比较成熟的生态制浆技术，可解决造纸污染问题。小麦秸秆造纸工业技术成熟，发展态势良好，是秸秆工业化利用开展得最好的秸秆类型。从经济性和资源的综合利用性来考虑，农作物秸秆造纸工业具有巨大的发展潜力。因此，加强秸秆制浆新技术的研究和产业化，采用清洁生产技术规模化适度发展草浆，重点改造提升现有草浆企业，积极推进秸秆清洁制浆工艺技术研发和试点，促进秸秆造纸走产业化、生态化开发道路。

秸秆造纸的基本工艺流程：

制浆段：原料选择→蒸煮分离纤维→洗涤→漂白→洗涤筛选→浓缩或抄成浆片→储存备用。

抄纸段：散浆→除杂质→精浆→打浆→配制各种添加剂→纸

料的混合→纸料的流送→头箱→网部→压榨部→干燥部→表面施胶→干燥→压光→卷取成纸。

涂布段：涂布原纸→涂布机涂布→干燥→卷取→再卷→超级压光。

加工段：复卷→裁切平板（或卷筒）→分选包装→入库结束。

3. 秸秆生产木糖醇

玉米等农作物秸秆粉碎可用作木糖醇的原料。木糖醇一种白色晶体，外表和蔗糖相似，是多元醇中最甜的甜味剂，味凉、甜度相当于蔗糖，热量相当于葡萄糖，有较高的营养保健价值，广泛应用于化工、轻工、食品、医药等领域。木糖醇是以玉米秸秆为主要原料，通过高新技术生产工艺制作而成，有广阔的市场和可观的经济效益。同时利用废渣与煤按 8.5∶1.5 混合后发电，可建成小规模热电联产项目一座，形成集木糖、木糖醇、发电、供热四位一体的循环经济项目。今后要加大用农作物秸秆制取木糖醇的技术研发力度，推广木糖清洁生产工艺技术，实施农作物秸秆制取木糖醇产业化开发。

第五章　农作物秸秆综合利用保障措施

第一节　组织领导保障

1. 加强组织领导

地方各级人民政府是推进秸秆禁烧和综合利用工作的责任主体，要把秸秆禁烧和综合利用作为推进节能减排、发展循环经济、促进农村生态文明建设的一项工作内容，摆上重要议事日程，进一步加强领导，成立组织，统筹规划，完善秸秆禁烧的相关法规和管理办法，抓紧制定加快推进秸秆综合利用的具体政策，狠抓各项措施和规定的落实，努力实现秸秆禁烧和综合利用目标。

2. 明确职责分工

各地要建立由政府领导，各级发改、环保、农业、林业、畜牧、农机、财政、公安、监察部门等有关部门参与的秸秆禁烧和综合利用工作协调机制，明确分工，加强配合，形成合力。发展改革部门会同农业、畜牧、农机等部门统筹研究推进秸秆综合利用的重大问题，提出促进秸秆综合利用的政策建议，加强对秸秆综合利用工作的督促和指导；环保部门要抓好禁烧巡查，严格执法；农业部门要加大秸秆综合利用工作力度，积极推进多种形式的秸秆综合利用；科技部门要支持秸秆综合利用技术的攻关研究；财政部门要加大对秸秆禁烧和综合利用的财政支持力度；畜牧部门要加大秸秆养畜技术推广力度；农机部门要大力推广秸秆机械化还田及综合利用配套机械化技术。

第二节　政策保障

1. 加大政策扶持力度

各级有关部门要加快制定优惠政策，提高农民利用秸秆的积极性。各级财政部门要在继续支持秸秆机械化全量还田、农村能源化利用等既有扶持政策的基础上，加大政策创新力度，鼓励对秸秆资源进行规模化、深层次利用，突出对秸秆工业化利用项目、秸秆综合利用技术研发和设备制造以及秸秆收集服务体系的扶持和引导，更好地发挥财政政策的带动效应。农机部门要加快制定秸秆还田作业标准，进一步加大还田机械补贴力度。畜牧部门研究制定青贮、氨化等秸秆饲料应用办法。价格主管部门根据《可再生能源发电价格和费用分摊管理试行办法》规定，对生物质能发电项目实施电价补贴。土地管理部门秸秆综合利用重点项目建设用地、秸秆收贮堆场用地、秸秆气化站、秸秆青贮氨化微贮基础设施、秸秆沼气集中供气用地给予支持。

2. 落实税收优惠政策

按照《资源综合利用企业所得税优惠目录》规定，以农作物秸秆作为主要原材料，生产符合国家和行业标准的产品的所得收入，按90%计入收入总额；企业购置用于环境保护、节能节水、安全生产等专用设备，该专用设备投资额的10%可以从企业当年的应纳税中抵免。对秸秆造纸、秸秆板材加工、秸秆新型建材等秸秆综合利用重点企业，按国家规定给予增值税即征即退的优惠政策。加快研究对运输农作物秸秆的车辆免收过路过桥费的政策。

3. 多渠道投入资金

加快建立政府引导、企业为主和社会参与的农作物秸秆利用投入机制。各级政府要加大秸秆综合利用项目的投入，引导社会力量参与秸秆收集、储存、运输和综合利用，重点支持秸秆青贮、氨化、微贮和秸秆饲料深加工，促进肉牛、奶牛养殖规模化发展。引导商业性金融机构加大对秸秆综合利用项目的信贷支持力度，突出对投资规模大、技术含量高、秸秆利用量较多的综合利用项目的贷款支持。积极支持秸秆综合利用项目争取国外政府、组织的优惠贷款。

第三节　技术保障

1. 加强技术研发

加快秸秆综合利用技术的开发和机械设备的研制工作，提高设备科技含量和加工制造能力。把农作物秸秆综合利用途径和技术研究，纳入重大科技专项予以支持。支持企业引进技术，经过消化、吸收和再创新，形成自主知识产权，提高自主创新能力。支持和鼓励各类科研机构和企业独立或联合设立研发机构，建设秸秆综合利用技术试点基地和成果推广转化基地。

2. 加快技术推广

组织开展示范、试点工程，加速秸秆综合利用科技成果转化和应用。依托农业科技专家、龙头企业技术创新中心、农村区域科技成果转化中心、科技培训学校等农村科技服务组织，开展秸秆综合利用技术咨询、指导、培训和推广服务。加大宣传力度，重视信息传播和知识普及，使秸秆综合利用真正成为农业增产增效和农民增收致富的有效途径。

第四节　社会保障

1. 加强宣传引导

通过各种形式，大力宣传秸秆综合利用对促进资源节约、环境保护、农民增收等方面的重要意义，采取面向基层，贴近农民，生动活泼的形式，普及相关知识和技术，宣传有关政策、典型经验和做法，用技术指导群众，用示范带动群众，用效益吸引群众，逐步提高全社会对秸秆综合利用的意识和自觉性。

2. 强化社会监督

在秸秆综合利用规划实施过程中，严格秸秆禁烧管理制度，进一步完善秸秆禁烧目标管理责任制，细化、量化目标任务，建立督查体系。把城市周边以及国道、省道、高速公路、铁路、机场等交通干道沿线划为秸秆禁烧重点区域，层层落实，群防群治。要通过多种形式听取社会公众的意见，充分反映公众的意愿，自觉接受公众的监督。完善有奖举报制度，鼓励公众检举焚烧秸秆的违法行为。

3. 壮大人才队伍

建立科研院所、技术推广服务单位、重点企业秸秆综合利用专家库，为秸秆综合利用提供智力支撑和人才保障。加强农技推广人员秸秆综合利用技术培训，提高广大农技人员秸秆综合利用技术推广服务的动力和能力。整合政府、协会、重点企业的农业培训资源，培养适宜秸秆综合利用发展所需的实用技术人才。

附录一　国务院办公厅
关于加快推进农作物秸秆综合利用的意见

国办发〔2008〕105号

2008年7月27日

各省、自治区、直辖市人民政府，国务院各部委、各直属机构：

近年来，我国农村一些地区焚烧农作物秸秆（以下简称秸秆）现象比较普遍，不仅污染环境、严重威胁交通运输安全，还浪费资源。为加快推进秸秆综合利用，实现秸秆的资源化、商品化，促进资源节约、环境保护和农民增收，经国务院同意，现提出如下意见。

一、推进秸秆综合利用工作的指导思想、基本原则和主要目标

（一）指导思想

以科学发展观为指导，认真落实资源节约和环境保护基本国策，把推进秸秆综合利用与农业增效和农民增收结合起来，以技术创新为动力，以制度创新为保障，加大政策扶持力度，发挥市场机制作用，加快推进秸秆综合利用，促进资源节约型、环境友好型社会建设。

（二）基本原则

——统筹规划，突出重点。根据秸秆的种类和分布，统筹编

制秸秆综合利用规划，稳步推进，重点抓好秸秆禁烧及剩余秸秆综合利用工作。

——因地制宜，分类指导。结合各地生产条件和经济发展状况，进一步优化秸秆综合利用结构和方式，分类指导，逐步提高秸秆综合利用效益。

——科技支撑，试点示范。充分发挥科技支撑作用，着力解决秸秆综合利用中的共性和实用技术难题，努力提高秸秆综合利用的技术、装备和工艺水平，并积极开展试点示范。

——政策扶持，公众参与。加大政策引导和扶持力度，利用价格和税收杠杆调动企业和农民的积极性，形成以政策为导向、企业为主体、农民广泛参与的长效机制。

（三）主要目标

秸秆资源得到综合利用，解决由于秸秆废弃和违规焚烧带来的资源浪费和环境污染问题。力争到 2015 年，基本建立秸秆收集体系，基本形成布局合理、多元利用的秸秆综合利用产业化格局，秸秆综合利用率超过 80%。

二、大力推进产业化

（四）加强规划指导

开展秸秆资源调查，进一步摸清秸秆资源情况和利用现状，以省为单位编制秸秆综合利用中长期发展规划。根据资源分布情况，合理确定秸秆用作肥料、饲料、食用菌基料、燃料和工业原料等不同用途的发展目标，统筹考虑综合利用项目和产业布局。

（五）加快建设秸秆收集体系

建立以企业为龙头，农户参与，县、乡（镇）人民政府监管，市场化推进的秸秆收集和物流体系。鼓励有条件的地方和企业建设必要的秸秆储存基地。鼓励发展农作物联合收获、粉碎还田、捡拾打捆、贮存运输全程机械化，建立和完善秸秆田间处理体系。

（六）大力推进种（养）植业综合利用秸秆

大力推广秸秆快速腐熟还田、过腹还田和机械化直接还田。鼓励养殖场（户）和饲料企业利用秸秆生产优质饲料。积极发展以秸秆为基料的食用菌生产。

（七）有序发展以秸秆为原料的生物质能

结合乡村环境整治，积极利用秸秆生物气化（沼气）、热解气化、固化成型及炭化等发展生物质能，逐步改善农村能源结构。推进利用秸秆生产燃料乙醇，逐步实现产业化。合理安排利用秸秆发电项目。

（八）积极发展以秸秆为原料的加工业

鼓励采用清洁生产工艺，生产以秸秆为原料的非木纸浆。引导发展以秸秆为原料的人造板材、包装材料、餐具等产品生产，减少木材使用。积极发展秸秆饲料加工业和秸秆编织业。

三、加强技术研发和推广应用

（九）加强技术与设备研发

进一步整合科研资源，推进建立科技创新机制，引进和消化吸收国外先进技术，力争在农作物收割和秸秆还田、秸秆收集贮运、秸秆饲料加工、秸秆转化为生物质能等方面取得突破性进展，形成经济、实用的集成技术体系，配套研制操作方便、性能可靠、使用安全的系列机械设备。

（十）开展技能培训和技术推广

加大秸秆综合利用技术培训和推广力度，提高技术的入户率。充分发挥现有农村基层组织和服务组织的作用，从推广成熟实用技术入手，重视技术交流、信息传播和知识普及，提高农民综合利用秸秆的技能，使秸秆综合利用真正成为农业增产增效和农民增收致富的有效途径。

（十一）实施技术示范和产业化项目

根据秸秆综合利用的不同用途，建立秸秆综合利用科技示范基地。通过组织秸秆还田、食用菌栽培等大面积利用示范和秸秆气化、手工编织示范以及秸秆人造板、秸秆发电等资源化利用产业示范，加快适用技术的转化应用。在秸秆禁烧的重点地区，优先安排秸秆综合利用项目。

四、加大政策扶持力度

（十二）加大资金投入

研究制定政策引导、市场运作的产业发展机制，不断加大资金投入力度。对秸秆发电、秸秆气化、秸秆燃料乙醇制备技术以及秸秆收集贮运等关键技术和设备研发给予适当补助。将秸秆还田、青贮等相关机具纳入农机购置补贴范围。对秸秆还田、秸秆气化技术应用和生产秸秆固化成型燃料等给予适当资金支持。对秸秆综合利用企业和农机服务组织购置秸秆处理机械给予信贷支持。鼓励和引导社会资本投入。

（十三）　实施税收和价格优惠政策

把秸秆综合利用列入国家产业结构调整和资源综合利用鼓励与扶持的范围，针对秸秆综合利用的不同环节和不同用途，制定和完善相应的税收优惠政策。完善秸秆发电等可再生能源价格政策。

五、加强组织领导

（十四）　落实地方政府责任

地方各级人民政府是推进秸秆综合利用和秸秆禁烧工作的责任主体，要把秸秆综合利用和禁烧作为推进节能减排、发展循环经济、促进农村生态文明建设的一项工作内容，摆上重要议事日程，进一步加强领导，统筹规划，完善秸秆禁烧的相关法规和管理办法，抓紧制定加快推进秸秆综合利用的具体政策，狠抓各项措施和规定的落实，努力实现秸秆综合利用和禁烧目标。

（十五）　加强部门分工协作

建立由发展改革部门会同农业部门牵头、各有关部门参加的协调机制，明确分工，加强配合，统筹研究推进秸秆综合利用的重大问题，提出促进秸秆综合利用的政策建议，加强对地方秸秆综合利用工作的督促和指导。发展改革委要会同农业部指导地方做好规划编制工作，农业部要指导地方开展秸秆资源调查，科技部要会同农业部等部门抓好技术研发和推广工作，财政部要会同有关部门抓紧制定出台具体的财税扶持政策，环境保护部要牵头抓好秸秆禁烧工作，其他相关部门要按照职责分工开展工作。

（十六）严格禁烧监管执法

各地要结合实际，对秸秆禁烧的范围等做出具体规定。要将人口集中地区、机场周围、交通干线附近和各直辖市、省会城市以及副省级城市行政区域列入秸秆禁烧范围。充分发挥基层组织的作用，实行群防群治。加强对秸秆禁烧工作的督促检查，加大实时监测和现场执法力度，依法查处违规焚烧行为。

（十七）广泛开展宣传教育

开展形式多样、生动活泼、贴近生活的秸秆综合利用和禁烧宣传教育活动，充分发挥新闻媒体的舆论引导和监督作用，提高公众对秸秆综合利用和禁烧的认识水平与参与意识，使禁烧秸秆成为农民的自觉行动。

附录二 发展改革委 农业部关于印发编制秸秆综合利用规划的指导意见的通知

发改环资〔2009〕378号

各省、自治区、直辖市及计划单列市、副省级省会城市、新疆生产建设兵团发展改革委、经贸委（经委）、农业厅（委、办、局）、广西壮族自治区林业厅、湖南省农村工作办公室：

为贯彻落实《国务院办公厅关于加快推进农作物秸秆综合利用的意见》（国办发〔2008〕105号）文件精神。我们研究起草了《关于编制秸秆综合利用规划的指导意见》。现印发你们，请结合各地情况，组织做好秸秆综合利用规划的编制工作，并按进度要求上报规划成果。

发展改革委

农业部

2009年2月9日

关于编制秸秆综合利用规划的指导意见

为贯彻落实国务院办公厅关于抓紧编制秸秆资源综合利用中长期发展规划的意见，加快推进秸秆综合利用，实现秸秆的资源化、商品化，促进资源节约、环境保护和农民增收，现就做好秸秆综合利用规划编制工作提出如下意见。

一、编制秸秆综合利用规划的重要意义

我国秸秆数量大、种类多、分布广，每年秸秆产量近 7 亿吨。长期以来，秸秆是我国农村居民主要生活燃料、大牲畜饲料和有机肥料，少部分作为工业原料和食用菌基料。近年来，随着农村劳动力转移、能源消费结构改善和各类替代原料的应用，加上秸秆综合利用成本高、经济性差、产业化程度低等原因，开始出现了地区性、季节性、结构性的秸秆过剩，特别是在粮食主产区和沿海经济发达的部分地区，违规焚烧现象屡禁不止，不仅浪费资源、污染环境，还严重威胁交通运输安全。

近年来，在国家有关部门和各地政府积极推动和支持下，秸秆综合利用取得了显著成果，各地投资建设了一批秸秆人造板、秸秆直燃发电、秸秆沼气、秸秆气化、秸秆成型燃料等综合利用项目。同时，多种形式的秸秆还田、保护性耕作、秸秆快速腐熟还田、过腹还田、栽培食用菌等技术的推广应用，在一定程度上减少了秸秆焚烧现象。但是，秸秆综合利用仍然存在利用率低、产业链短和产业布局不合理等问题。存在这些问题的主要原因：一是对秸秆综合利用认识不足。一些地区没有把秸秆真正作为资源来看待，缺乏统筹规划，综合利用推进不力。二是秸秆资源与利用现状不清。长期以来，由于对秸秆利用的重视程度不够等原因，尽管有关部门和专家开展了一些调查和分析工作，但仍存在着秸秆资源不清、利用现状不明等问题。三是市场化机制不完善，缺乏政策激励。目前，各地还没有建立有效的市场机制和储运体系，秸秆商品化水平低，缺乏鼓励秸秆综合利用的具体政策措施，秸秆产业发展滞后。四是缺乏农民经济实用的配套技术设备。在农作物轮作茬口紧的多熟农区，秸秆便捷处理设施不配套，农民收集处理秸秆的难度大，随意遗弃和露天焚烧现象严重；秸秆综合利用新技术应用规模较小，尤其是适宜农户分散经营的小型化、实用化技术缺乏，各项技术之间集成组合不够。

编制秸秆综合利用规划，要根据不同地区的资源禀赋、利用现状和发展潜力，明确秸秆开发利用方向和总体目标，因地制宜、合理布局，安排好建设内容，制定和完善各项政策，逐步形成秸秆资源开发利用的良性循环，彻底解决秸秆露天焚烧问题，促进农村经济社会持续、协调发展，改善农村居民生产生活条件，增加农民收入，保护生态环境。

二、指导思想和基本原则

（一）指导思想

深入贯彻落实科学发展观，认真落实节约资源和环境保护基本国策，促进资源节约型、环境友好型社会建设。把推进秸秆综合利用与社会主义新农村建设、农业增产增效和农民增收结合起来。以技术创新为动力，以制度创新为保障，通过秸秆多途径、多层次的合理利用，逐步形成秸秆综合利用的长效机制，有效地解决秸秆焚烧问题。

（二）基本原则

疏堵结合，以疏为主。加大对秸秆焚烧监管力度，在研究制定鼓励政策，充分调动农民和企业积极性的同时，对现有的秸秆综合利用单项技术进行归纳、梳理，尽可能物化和简化，坚持秸秆还田利用与产业化开发相结合，鼓励企业进行规模化和产业化生产，引导农民自行开展秸秆综合利用。

因地制宜，突出重点。根据各地种植业、养殖业的现状和特点，秸秆资源的数量、品种和利用方式，合理选择适宜的秸秆综合利用技术进行推广应用。在满足农业利用的基础上，合理引导秸秆成型燃烧、秸秆气化、工业利用等方式，逐步提高秸秆综合利用效益。近期做好机场周边、高速公路沿线和大中城市郊区的秸秆综合利用工作，防止对交通运输和城乡居民生活造成严重危害。

依靠科技，强化支撑。加强技术集成配套，建立不同类型地区秸秆综合利用的技术模式，强化技术支撑；依靠科技入户、新型农民培训、科技特派员、星火 12396 等项目，强化技术培训和指导，推广简捷实用的秸秆综合利用技术，促进技术普及应用；大力开发操作简便、集约利用水平高的实用新技术。

政策扶持，公众参与。统筹考虑国家对秸秆综合利用的扶持政策情况，进一步加大政策引导和扶持力度，充分发挥市场配置资源的作用，鼓励社会力量积极参与，形成以市场为基础、政策为导向、企业为主体、农民广泛参与的长效机制。

三、编制的主要任务和进度要求

（一）主要任务

以省为单位编制秸秆综合利用规划。规划基准年为 2008 年（按 2008 年底数据），规划水平年为 2010 年和 2015 年。规划编制采用自下而上，逐级汇总编制的方法。各省（区、市）要在开展秸秆资源调查，进一步摸清秸秆资源潜力和利用现状的基础上，根据资源分布情况，合理确定适宜本地区的秸秆综合利用方式（饲料、肥料、燃料、食用菌基料和工业原料等）、数量和布局，设定发展目标，鼓励秸秆还田和多元化利用产业的共生组合，并编制秸秆综合利用重点项目建设规划。同时，规划中要提出相应的保障措施和支持政策，还要体现加强秸秆转化利用技术的研发与集成，加快成果转化和推广等具体的科技支撑内容。按时提交本地的规划成果。

（二）规划目标

秸秆资源得到综合利用，解决秸秆废弃和焚烧带来的资源浪费和环境污染问题。2010 年在东部发达地区、中心城市周边、机场和高速公路沿线地区基本实现禁烧。力争到 2015 年，在全国建立较完善的秸秆还田、收集、储运体系，基本形成布局合理、多元利用的秸秆还田和产业化综合利用格局，秸秆综合利用率超过 80%。

（三）进度要求

规划工作涉及面广，调查、统计、分析工作量大，各省（区、市）编制单位要精心组织，在 2009 年 8 月底前按质按量完成规划编制工作。

四、重点实施领域

各地区尤其是农业主产区，应因地制宜重点选择当地优势产业带，以小麦—水稻和小麦—玉米为主，在秸秆剩余量大、茬口紧、焚烧严重的地区开展秸秆综合利用。近期对于交通干道、机场、城市周边等重点地区，要重点规划，尽快解决秸秆的季节性和结构性过剩问题。

品种上，重点解决量大面广的玉米、小麦、水稻、棉花秸秆及各地农业优势产业的秸秆。

五、保障措施

(一) 加强组织领导

编制秸秆综合利用规划是一项重要工作,涉及部门多,难度大,任务重。各级政府及有关部门要认真贯彻落实党中央和国务院的有关政策精神,要以科学发展观为指导,提高认识,加强领导,精心组织规划编制工作。各省(区、市)人民政府要做好规划编制工作中的组织协调,注意与已有的农业、工业、环保、农村能源、畜牧、饲料、农业机械化等规划的衔接工作。

(二) 做好规划编制的前期工作

要认真做好秸秆资源调研与评价等前期工作。各地要通过深入细致地系统调研,摸清本地区农作物秸秆资源总量和利用的种类、分布、产量及利用途径等情况,对秸秆资源进行全面、科学的评价,为编制秸秆资源综合利用规划提供可靠的依据。

(三) 落实人员和经费保障

要选配知识结构好、业务能力强、熟悉情况的骨干人员,组建得力的规划编制队伍,统一培训,提高规划人员的素质和水平。各省(区、市)人民政府要为规划编制安排必要的经费,为规划编制工作提供经费保障。

(四) 采取科学的工作方式

要广泛动员多学科力量,充分借鉴国内外先进经验,科学确定秸秆资源调查和评价方法,合理选择技术路线。要坚持政府组织、专家领衔、部门合作、公众参与、科学决策的方针,科学系统地安排规划编制各项工作。

（五）加大公众参与力度

要充分发扬民主，加强调研，广泛听取意见。规划编制部门应当公布规划草案或者举行听证会，扩大公众参与，增强规划编制的公开性和透明度，听取公众意见。

附件1：

秸秆综合利用重点技术

1. 秸秆收集处理体系

为解决茬口紧的多熟农区秸秆收集、处理困难等问题，应加快建立秸秆收集和物流体系，推广农作物联合收获、粉碎、捡拾打捆全程机械化，对收获后留在田间的秸秆进行及时高效的处理。我国在引进消化吸收国外先进技术的基础上，通过自主创新，在秸秆机械化收获、粉碎、打捆、转移等秸秆田间机械化处理技术领域取得了一大批成果，开发了一系列具有自主知识产权并适合我国国情的各种类型、不同规格的秸秆还田粉碎机和打捆机、压块机、青贮机等，相关机具的技术和制造水平均接近国际先进水平。

2. 秸秆肥料化利用技术

秸秆还田技术主要包括秸秆机械粉碎还田、保护性耕作、快速腐熟还田、堆沤还田等方式以及生物反应堆等方式。

机械化粉碎还田主要将收获后的农作物秸秆刈割或粉碎后，翻埋或覆盖还田。对小麦秸秆采用联合收割收获，使小麦秸秆基本得到粉碎，再配以秸秆粉碎及抛撒装置，实现小麦秸秆的基本还田；对玉米秸秆采用中型拖拉机牵引秸秆粉碎机将玉米秸秆粉碎两遍，用大中型拖拉机翻耕或旋耕，将秸秆翻入耕层。秸秆机械化粉碎还田能够节省劳力，增加土壤有机质，改善土壤结构，具有便捷、快速提高土壤保水保肥性能，适用于玉米、小麦产区。

保护性耕作是以保护生态环境、促进农业可持续发展和节本增效为目标，以秸秆覆盖留茬还田、就地覆盖或异地覆盖还田、免少耕播种施肥复式作业、轮作、病虫草害综合控制等为主要内容的先进农业技术。实施保护性耕作具有防治农田扬尘和水土流失、蓄水保墒、培肥地力、节本增效等作用。

快速腐熟还田主要利用微生物菌剂对农作物秸秆进行发酵腐熟直接还田。具有增加稻田土壤有机质，改良土壤理化性质，促进腐殖质的积累与更新、改善土壤耕性等功能。南方地区适宜推广稻田秸秆腐熟还田技术、墒沟埋草耕作培肥技术，北方地区适宜推广秸秆粉碎腐熟还田技术、秸秆沟埋腐熟还田技术。

堆沤还田主要是在田间地头挖积肥凼，将农作物秸秆堆成垛，添加适量的家畜粪尿或污泥等，调整碳氮比和水分，或者添加菌种和酶，使秸秆发酵生成有机肥。该项技术适用于秸秆产量丰富的粮食主产区和环境容量有限的地区进行推广，尤其是环境问题比较突出的城乡结合部。

秸秆生物反应堆主要是将农作物秸秆加入一定比例的水和微生物菌种、催化剂等原料，发酵分解产生 CO_2。通过构造简易的 CO_2 交换机对农作物进行气体施肥，满足农作物对 CO_2 的需求；同时可以有效增加土壤有机质和养分，提高地温，抑制病虫害、可减少化肥、农药用量。该技术方便简单，运行成本低廉，增产增收效果显著，适用于从事温室大棚瓜果、蔬菜等经济作物生产的农户应用。

3. 秸秆饲料化利用技术

秸秆饲料利用主要指通过利用青贮、微贮、揉搓丝化、压块等处理方式，把秸秆转化为优质饲料。青贮、微贮是指利用贮藏窖等，对秸秆进行密封贮藏，经过一定的物理、化学或生物方法处理制成饲料，饲喂牛、马、羊等大牲畜，并将其粪便还田，即过腹还田。对提高秸秆饲料的营养成分等作用显著，具有简单易行、省功省时，便于长期保存，全年均衡供应饲喂等特点，既解决了冬季牲畜饲料缺乏等问题，又节省了饲料粮，具有广阔的推广应用前景。揉搓丝化可有效改变秸秆的适口性和转化率。秸秆压块饲料便于长期保存和长距离运输。

4. 秸秆能源化利用技术

秸秆能源化利用技术主要包括秸秆沼气（生物气化）、秸秆固化成型燃料、秸秆热解气化、直燃发电和秸秆干馏等方式。

秸秆沼气（生物气化）是指以秸秆为主要原料，经微生物发酵作用生产沼气和有机肥料的技术。该技术充分利用稻草、玉米等秸秆原料，有效解决了沼气推广过程中原料不足的问题，使不养猪的农户也能使用清洁能源。秸秆沼气集中供气工程，秸秆粉碎后进入沼气厌氧罐内中温发酵，产生大量的沼气能源，通过输气管道送到千家万户。此外，秸秆沼气技术分为户用秸秆沼气和秸秆沼气集中供气两种形式。秸秆入池产气后产生的沼渣是很好的肥料，可作为有机肥料还田（即过池还田），提高秸秆资源的利用效率。

秸秆固化成型燃料是指在一定温度和压力作用下，将农作物秸秆压缩为棒状、块状或颗粒状等成型燃料，从而提高运输和贮存能力，改善秸秆燃烧性能，提高利用效率，扩大应用范围。秸秆成型后，体积缩小 6 ~ 8 倍，密度为 1.1 ~ 1.4 吨/立方米，能源密度相当于中质烟煤，使用时火力持久，炉膛温度高，燃烧特性明显得到改善，可以代替木材、煤炭为农村居民提供炊事或取暖用能，也可以在城市作为锅炉燃料，替代天然气、燃油。

秸秆热解气化是以农作物秸秆、稻壳、木屑、树枝以及农村有机废弃物等为原料，在气化炉中，缺氧的情况下进行燃烧，通过控制燃烧过程，使之产生含一氧化碳、氢气、甲烷等可燃气体作为农户的生活用能。该项技术主要适用于以自然村为单位进行建设。

秸秆直接燃烧发电技术是指秸秆在锅炉中直接燃烧，释放出来的热量通常用来产生高压蒸汽，蒸汽在汽轮机中膨胀做功，转化为机械能驱动发电机发电。该技术基本成熟，已经进入商业化应用阶段，适用于农场以及我国北方的平原地区等粮食主产区，便于原料的大规模收集。

秸秆干馏是指利用限氧自热式热解工艺和热解气体回收工艺，将秸秆在一个系统上同时转化为生物质炭、燃气、焦油和木醋酸等多种产品，生物质炭和燃气可作为农户或工业用户的生产生活燃料，焦油和木醋酸可深加工为化工产品，实现秸秆资源的高效利用。该项技术适用于小规模、多网点建设，集中深加工的发展方式。

5. 秸秆生物转化食用菌技术

食用菌是真菌中能够形成大型子实体并能供人们食用的一种真菌，食用菌以其鲜美的味道、柔软的质地、丰富的营养和药用价值备受人们青睐。由于秸秆中含有丰富的碳、氮、矿物质及激素等营养成分，且资源丰富，成本低廉，因此很适合做多种食用菌的培养料，通常由碎木屑、棉籽壳、稻草和麦麸等构成。目前，利用秸秆栽培食用菌品种较多，有平菇、姬菇、草菇、鸡腿菇、猫木耳等十几个品种，而且有些品种的废弃菌帮（袋）料可以作为另一种食用菌的栽培基料，不仅提高了生物转化率，延长了利用链条，减少了对环境的污染。

6. 秸秆炭化、活化技术

秸秆的炭、活化技术是指利用秸秆为原料生产活性炭技术，因秸秆的软、硬不同，可分为两种生产加工方法。

（1）软秸秆。如稻草、麦秸、稻壳等，可采用高温气体活化法，即把软质秸秆粉碎后在高压条件下制成棒状固体物，然后进行炭化，破碎成颗粒，通过转炉与900℃左右水蒸气进行活化造孔，再经过漂洗、干燥、磨粉等工艺制成活性炭。

（2）硬度较强的秸秆。如棉柴、麻秆等，可采用化学法。即把硬质秸秆粉碎成细小颗粒状，筛分后烘干水分控制在25%左右。经过氯化锌、磷、酸、盐酸等，配制成适合的波美度和

pH 值溶液浸泡 4～8 小时，进行低温炭化（250～350℃）和高温活化（360～450℃），再经回收（把消耗的原料稀出再经过煮、漂洗、烘干、筛分、磨粉等工艺）制成活性炭。

7. 以秸秆为原料的加工业利用

秸秆纤维作为一种天然纤维素纤维，生物降解性好，可以作为工业原料，如纸浆原料、保温材料、包装材料、各类轻质板材的原料，可降解包装缓冲材料、编织用品等，或从中提取淀粉、木糖醇、糖醛等。其中，最主要作为纸浆原料。可用于造纸纤维原料的秸秆为禾草类，包括稻草、麦秆、高粱秆、玉米秆等。其中，麦秸是造纸重要的非木纤维资源，其他秸秆尚未大量使用。造纸用麦秸占总量的 30% 以上，主要集中在麦秸主产区的河南、安徽、山东、河北等省。采用清洁生产工艺科学使用秸秆生产非木纸浆、秸秆板。

附件2：

××省秸秆综合利用规划提纲（建议）

前　　言

一、秸秆资源潜力和综合利用现状

（一）秸秆资源潜力

（二）秸秆综合利用现状

（三）存在的主要问题

二、指导思想、基本原则和发展目标

（一）指导思想

（二）基本原则

（三）发展目标

三、重点领域和主要任务

（一）重点领域

（二）主要任务

四、重点项目内容及布局

（一）项目布局及建设内容

（二）投资估算及资金来源

（三）实施步骤

（四）效益分析

五、保障措施（包括秸秆综合利用成果转化和推广应用）

附录三　国家发展改革委、农业部、财政部关于印发"十二五"农作物秸秆综合利用实施方案的通知

发改环资〔2011〕2615号

各省、自治区、直辖市发展改革委、经信委（经委、经贸委、工信委）、农业厅（农委）、财政厅（局）；新疆建设兵团发展改革委、农业厅、财政局：

为落实《国务院办公厅关于加快推进农作物秸秆综合利用的意见》（国办发〔2008〕105号，以下简称《意见》），加快推进农作物秸秆（以下简称"秸秆"）综合利用，指导各地秸秆规划的实施，力争到2015年秸秆综合利用率达到80%以上，国家发展改革委、农业部、财政部在各地报送"十二五"秸秆综合利用规划基础上，制定了《"十二五"农作物秸秆综合利用实施方案》，现印发你们，请结合本地区实际，认真贯彻执行。

附件："十二五"农作物秸秆综合利用实施方案

国家发展改革委
农　业　部
财　政　部
2011 年 11 月 29 日

"十二五"农作物秸秆综合利用实施方案

我国是农业大国，农作物秸秆产量大、分布广、种类多，长期以来一直是农民生活和农业发展的宝贵资源。改革开放以来，在党中央、国务院强农惠农政策支持下，农业连年丰收，农作物秸秆（以下简称"秸秆"）产生量逐年增多，秸秆随意抛弃、焚烧现象严重，带来一系列环境问题。加快推进秸秆综合利用，对于稳定农业生态平衡、缓解资源约束、减轻环境压力都具有十分重要的意义。近年来，我国高度重视秸秆综合利用工作，2008年国务院办公厅印发了《关于加快推进农作物秸秆综合利用的意见》（国办发〔2008〕105号），提出了秸秆综合利用的目标任务、重点和政策措施，在相关部门和各地区的共同努力下，秸秆综合利用得到了较快发展。

为指导"十二五"期间各地推进秸秆综合利用工作，加快农业循环经济和新兴产业发展，改善农村居民生产生活条件，增加农民收入，保护生态环境，推动社会主义新农村建设，按照国务院办公厅文件要求，在分析全国秸秆资源量和综合利用情况的基础上，制定本实施方案。

一、秸秆综合利用现状

（一）秸秆资源量

据调查统计，2010年全国秸秆理论资源量为8.4亿吨，可收集资源量约为7亿吨。秸秆品种以水稻、小麦、玉米等为主。其中，稻草约2.11亿吨，麦秸约1.54亿吨，玉米秸约2.73亿吨，棉秆约2 600万吨，油料作物秸秆（主要为油菜和花生）约

3 700万吨，豆类秸秆约2 800万吨，薯类秸秆约2 300万吨。我国的粮食生产带有明显的区域性特点，辽宁、吉林、黑龙江、内蒙古自治区、河北、河南、湖北、湖南、山东、江苏、安徽、江西、四川等13个粮食主产省（区）秸秆理论资源量约6.15亿吨，占全国秸秆理论资源量的73%。

（二）秸秆综合利用情况及特点

2010年，秸秆综合利用率达到70.6%，利用量约5亿吨。其中，作为饲料使用量约2.18亿吨，占31.9%；作为肥料使用量约1.07亿吨（不含根茬还田，根茬还田量约1.58亿吨），占15.6%；作为种植食用菌基料量约0.18亿吨，占2.6%；作为人造板、造纸等工业原料量约0.18亿吨，占2.6%；作为燃料使用量（含农户传统炊事取暖、秸秆新型能源化利用）约1.22亿吨，占17.8%，秸秆综合利用取得明显成效。

1. 多元化利用格局形成

秸秆由过去仅用作农村生活能源和牲畜饲料，拓展到肥料、饲料、食用菌基料、工业原料和燃料等用途；由过去传统农业领域发展到现代工业、能源领域。秸秆能源化利用发生了质的变化，从农民低效燃烧发展到秸秆直燃发电、秸秆沼气、秸秆固化、秸秆干馏等高效利用。秸秆工业化利用发展迅速，秸秆人造板、秸秆木塑等高附加值产品实现了产业化生产，产品已经应用于北京奥林匹克公园、上海世博会等多项重大工程。

2. 技术水平明显提高

通过自主创新、引进消化吸收，多项技术取得一定突破。秸秆沼气、秸秆固化、秸秆人造板、秸秆木塑等综合利用工艺技术以及秸秆联合收获、粉碎、拾捡打包等机械装备得到成功应用；秸秆直燃发电技术装备基本实现国产化；秸秆清洁制浆等多项技术的应用部分实现了造纸工业污水循环利用和达标排放；自主研发的秸秆人造板黏合剂已经实现甲醛零排放。

3. 综合效益快速提升

通过大力推进秸秆综合利用，带动相关产业加快发展，重点地区的秸秆焚烧问题基本得到解决，大气环境污染问题得到有效缓解，带动了农村剩余劳动力就业、促进了农业增效和农民增收。2010 年养畜消耗的秸秆相当于节约粮食 5 000 万吨；作为燃料使用相当于节约标煤约 6 000 万吨，实现了环境效益、经济效益和社会效益的多赢。

二、面临的形势及存在问题

气候变化是当今全球面临的重大挑战，低碳绿色发展已成为世界各国的共识。我国政府明确提出控制温室气体排放行动目标，到 2020 年非化石能源占一次能源的比重达到 15% 左右，单位国内生产总值二氧化碳排放比 2005 年降低 40% ~45%。秸秆作为优质的生物质能可部分替代和节约化石能源，有利于改善能源结构，减少二氧化碳排放，缓解和应对全球气候变化。国务院《关于加快推进农作物秸秆综合利用的意见》，提出到 2015 年秸秆综合利用率达到 80% 以上的目标。按照中央提出的建设生态文明的要求，发展节约型农业、循环农业、生态农业，加强生态环境保护，既为秸秆综合利用提供了新机遇，也提出了新要求、新挑战。虽然秸秆综合利用工作取得积极进展，焚烧现象得到一定控制，但是，还面临着一些问题：一是秸秆用之为宝、弃之为害的理念还没有深入人心，资源化、商品化程度低，区域间发展不平衡。二是国家已出台的一些鼓励秸秆综合利用的政策，农民直接受益的不多，有待进一步完善。三是秸秆综合利用企业规模小，缺乏龙头企业带动，综合利用产业化发展缓慢，要实现2015 年秸秆综合利用率超过 80% 的目标，任务仍相当艰巨。

三、指导思想、基本原则和总体目标

（一）指导思想

全面落实科学发展观，坚持资源节约和环境保护基本国策，以提高秸秆综合利用率为目标，以科技创新为动力，以制度创新为保障，发挥市场机制作用，深入研究和完善鼓励秸秆综合利用配套政策措施，因地制宜推进秸秆综合利用工作，逐步形成秸秆综合利用的长效机制，促进秸秆的资源化、商品化利用，培育和壮大秸秆综合利用产业，带动农村经济社会发展。

（二）基本原则

（1）农业优先、多元利用。秸秆来源于农业生产，综合利用必须坚持与农业生产相结合。在满足农业和畜牧业需求的基础上，利用经济手段，统筹兼顾、合理引导秸秆能源化、工业化等综合利用，不断拓展利用领域，提高利用效益。

（2）市场导向、政策扶持。充分发挥市场配置资源的作用，鼓励社会力量积极参与，建立以市场为导向，企业为主体，农民积极参与的长效机制。深入研究完善相关配套政策措施，加大引导和扶持力度。

（3）科技推动、强化支撑。推进产学研相结合，整合资源，着力解决秸秆综合利用领域共性和关键性技术难题，提高技术、装备和工艺水平。构建服务支撑体系，强化培训指导，加快先进、成熟技术的推广普及。

（4）因地制宜、突出重点。根据各地种植业、养殖业特点和秸秆资源的数量、品种，结合秸秆利用现状，选择适宜的综合利用方式。选择重点区域、重点领域，建设一批示范工程，扶持一批重点企业，加快推进秸秆综合利用产业发展。

（三）总体目标

到 2013 年秸秆综合利用率达到 75%，到 2015 年力争秸秆综合利用率超过 80%；基本建立较完善的秸秆田间处理、收集、储运体系；形成布局合理、多元利用的综合利用产业化格局。其中，到 2015 年秸秆机械化还田面积达到 6 亿亩；建设秸秆饲用处理设施 6 000 万立方米，年增加饲料化处理能力 3 000 万吨；秸秆基料化利用率达到 4%；秸秆原料化利用率达到 4%；秸秆能源化利用率达到 13%。

四、重点领域

（一）秸秆肥料化利用

秸秆是发展现代农业的重要物质基础。秸秆含有丰富的有机质、氮磷钾和微量元素，是农业生产重要的有机肥源。继续推广普及保护性耕作技术，通过鼓励农民使用秸秆粉碎还田机械等方式，有效提高秸秆肥料利用率。

（二）秸秆饲料化利用

秸秆含有丰富的营养物质，4 吨秸秆的营养价值相当于 1 吨粮食，可为畜牧业持续发展提供物质保障。在秸秆资源丰富的牛羊养殖优势区，鼓励养殖场（户）或秸秆饲料加工企业制作青贮、氨化、微贮或颗粒等秸秆饲料。

（三）秸秆基料化利用

做好秸秆栽培食用菌，有利于促进农业生态平衡，推进农业转型升级，转变农业发展方式，加快建设高效生态的现代农业，继续重点推广企业加农户的经营模式，建设一批秸秆栽培食用菌生产基地。

（四）秸秆原料化利用

秸秆纤维是一种天然纤维素纤维，生物降解性好，可替代木材作用于造纸、生产板材、制作工艺品、生产活性炭等，也可替代粮食生产木糖醇等。"十二五"期间，不断提高秸秆工业化利用水平，科学利用秸秆制浆造纸，积极发展秸秆生产板材和制作工艺品，试点建设秸秆生产木糖醇、秸秆生产活性炭等工程。

（五）秸秆燃料化利用

秸秆作为一种重要的生物质能，2吨秸秆能源化利用热值可替代1吨标准煤，推广秸秆能源化利用，可有效减少一次能源消耗。秸秆能源化利用技术主要包括秸秆沼气（生物气化）、秸秆固化成型燃料、秸秆热解气化、直燃发电和秸秆干馏、炭化和活化等方式。"十二五"期间，大力发展秸秆沼气、秸秆固化成型燃料，提高可再生能源在能源结构中的比例。

五、重点工程

"十二五"期间在13个粮食主产区、棉秆等单一品种秸秆集中度高的地区、交通干道、机场、高速公路沿线等重点地区，围绕秸秆肥料化、饲料化、基料化、原料化和燃料化等领域，实施秸秆综合利用试点示范，大力推广用量大、技术含量和附加值高的秸秆综合利用技术，实施一批重点工程。

（一）秸秆循环型农业示范工程

按照循环经济理念，开辟和建立秸秆多元化利用途径，重点推广秸秆—家畜养殖—沼气—农户生活用能，沼渣—高效肥料—种植等循环利用模式，鼓励粮食主产区建设秸秆生态循环农业工程，充分利用好秸秆资源。力争到 2015 年，秸秆生态循环农业工程秸秆综合利用量，占项目所在地区秸秆总量的 10% 以上。

（二）秸秆原料化示范工程

重点在粮棉主产区开展专项示范工程，从政策、资金和有效运营等方面对秸秆人造板、木塑产业、秸秆清洁造纸给予扶持。引进创新秸秆纤维原料加工技术，

形成规范、专业、科学的秸秆纤维原料基地布局。鼓励秸秆制浆造纸清洁生产技术研发推广，支持成熟的秸秆制浆造纸清洁化新技术产业化发展，为循环利用积累经验。建立秸秆代木产业示范基地，选取部分秸秆人造板、木塑装备制造企业，一批家秸秆人造板、木塑生产企业，给予重点支持，加快发展壮大，年消耗秸秆量 1 500 ~ 2 000 万吨。

（三）能源化利用示范工程

结合新农村建设，以村为单元，启动实施以秸秆沼气集中供气、秸秆固化成型燃料及高效低排放生物质炉具等为主要建设内容的秸秆清洁能源入农户工程，探索有效的项目商业运行模式。在已开展纤维原料生产乙醇的基础上，推进秸秆纤维乙醇产业化，支持实力雄厚、具备研发生产基础的企业，开展试点示范，重点解决预处理、转化酶等技术难题。力争到 2015 年，重点在粮棉主产区的示范村，秸秆清洁能源入农户项目村入户率达到 80% 以上，年秸秆能源化利用量约 3 000 万吨，占项目区年秸秆

总量的 30% 以上。

（四）棉秆综合利用专项工程

在棉花主产区建立棉秆综合利用产业化示范工程，支持利用秆皮、秆芯生产高强低伸性纤维（造纸制浆原料）、人造板、纺织工业用纤维以及其他工业用增强纤维等。探索棉秆综合利用的最优模式。

（五）秸秆收储运体系工程

探索建立有效的秸秆田间处理、收集、储存及运输系统模式。加快建立以市场需求为引导，企业为龙头，专业合作经济组织为骨干，农户参与，政府推动，市场化运作，多种模式互为补充的秸秆收集储运管理体系。

（六）产学研技术体系工程

围绕秸秆综合利用中的关键技术瓶颈，遴选优势科研单位和龙头企业开展联合攻关，提升秸秆综合利用技术水平。组织力量开展技术研发、技术集成，加大机械设备开发力度，引进消化吸收适合中国国情的国外先进装备和技术。建立配套的技术标准体系，尽快形成与秸秆综合利用技术相衔接、与农业技术发展相适宜、与农业产业经营相结合、与农业装备相配套的技术体系。加快建立秸秆相关产品的行业标准、产品标准、质量检测标准体系，规范生产和应用。

六、保障措施

（一）加强组织领导

充分发挥秸秆综合利用统筹协调机制作用，明确分工、加强配合。各地要结合本地实际，编制本地区秸秆综合利用实施方案，搞好统筹规划和组织协调，认真组织实施，做到领导到位，责任到人，目标明确，重点突出，将秸秆综合利用实施方案的主要目标和重点任务，按年度逐级分解到各级政府及相关部门，建立考核制度，加强目标考核。

（二）完善政策措施

针对秸秆综合利用的不同方式、不同途径，研究完善促进秸秆综合利用的相关政策、配套措施。落实好鼓励秸秆综合利用税收优惠政策；研究将符合条件的秸秆综合利用产品纳入节能、环境标志等产品政府采购清单；研究完善秸秆肥料化、饲料化、原料化、能源化利用扶持政策；加大各级政府及相关部门资金支持力度，引导社会力量和资金投入，建立多渠道、多层次、多方位的融资机制。

（三）加快技术创新

加强秸秆综合利用新技术、新方法的研究推广，鼓励秸秆综合利用企业积极引进开发先进实用的秸秆收集、储运、利用技术工艺和装备。扶持引导基层服务组织的发展，加快秸秆综合利用技术的推广应用。

（四）强化宣传引导

通过各种形式，大力宣传秸秆综合利用对促进资源节约、环境保护、农民增收等方面的重要意义，采取面向基层，贴近农民，生动活泼的形式，普及相关知识和技术，宣传有关政策、典型经验和做法，用技术指导群众，用示范带动群众，用效益吸引群众，逐步提高全社会对秸秆综合利用的意识和自觉性。

附录四　国家发展改革委办公厅农业部办公厅关于印发《秸秆综合利用技术目录（2014）》的通知

发改办环资〔2014〕2802号

各省、自治区、直辖市发展改革委、农业（农牧、农村经济）厅（局、委）：

2008年，国务院办公厅印发《关于加快推进农作物秸秆综合利用的意见》（国办发〔2008〕105号）以来，各地区、有关部门大力推进秸秆综合利用，秸秆肥料化、饲料化、原料化、燃料化、基料化利用技术快速发展，一批秸秆综合利用技术经过产业化示范日益成熟，成为推进秸秆综合利用的重要支撑。

为指导各地推广实用成熟的秸秆综合利用技术，推动秸秆综合利用产业化发展，确保实现"到2015年秸秆综合利用率超过80%"目标任务，国家发展改革委会同农业部编制了《秸秆综合利用技术目录（2014）》，现印送你们。

附件：《秸秆综合利用技术目录（2014）》

国家发展改革委办公厅

农业部办公厅

2014年11月24日

附件

秸秆综合利用技术目录（2014）

技术类别	技术名称	技术内涵与技术内容	技术特征	技术实施注意事项	适宜秸秆	可供参照的主要技术标准与技术规范
一、秸秆肥料化利用技术	（一）秸秆直接还田技术	秸秆直接还田是我国粮食主产区秸秆肥料化利用的主要技术之一，包括秸秆翻压还田、秸秆覆盖还田。秸秆翻压还田和秸秆混埋还田技术是以犁耕作业为主直接翻埋到土壤中，将秸秆整株粉碎或粉碎后直接翻埋还田技术，以秸秆粉碎、破茬、旋耕、耙压等机械作业为主，将秸秆直接混埋在表层土壤中。秸秆覆盖还田是保护性耕作的重要技术手段，包括留茬免耕、秸秆粉碎覆盖还田和秸秆整株覆盖还田	秸秆直接还田具有秸秆量大、成本低、生产效率高等特点，是大面积实现以地养地、用地养地，提升耕地质量、建立高产稳产农田的有效途径	秸秆直接还田要配套应用合理的施肥、灌溉技术，如增施氮肥调节碳氮比以保证粮食的稳产高产。常年开展秸秆混埋还田和秸秆覆盖还田要与机深松与定期深翻相结合，并定期深翻，将耕地表层积累的秸秆翻埋到耕层中，以提高秸秆还田培肥效果	适用于该技术的秸秆主要有玉米秸、麦秸、稻秸、油菜秸、棉花秸等	《GB/T 24675.6—2009 保护性耕作机械秸秆粉碎还田机》《NY/T 500—2002 秸秆还田机作业质量》《NY/T 1004—2006 秸秆还田机质量评价技术规范》《DB34/T 244.8—2002 水稻生产机械化技术规范第八部分：秸秆还田技术规范》《DB13/T 1045—2009 机械化秸秆粉碎还田技术规程》《DB34/T 899—2009 稻麦两熟制直接秸秆还田机械化作业技术规范》《JB/T 6678—2001 秸秆还田机》《JB/T 10813—2007 秸秆粉碎还田机·锤爪》

（续表）

技术类别	技术名称	技术内容与技术内容	技术特征	技术实施注意事项	适宜秸秆	可供参照的主要技术标准与规范
一、秸秆肥料化利用技术	（二）秸秆腐熟还田技术	秸秆腐熟还田技术是在农作物收获后，及时将收下的作物秸秆均匀平铺农田，撒施腐熟菌剂，调节碳氮比，加快还田秸秆腐熟下沉，以利于下茬农作物的播种和定植，实现秸秆还田利用。秸秆腐熟还田技术主要有两大类：一是水稻免耕抛秧时覆盖秸秆的快腐处理；另一类是小麦、油菜等作物免耕撒播时覆盖秸秆的快腐处理	该技术适用于降雨量较丰富、积温较高的地区，特别是种植制度为早稻—晚稻、小麦、油菜—水稻的农作地区	秸秆腐熟还田技术的关键是选择适宜的腐熟菌剂	适用于该技术的秸秆主要有稻秆、麦秸等	《NY 609—2002 有机物料腐熟剂》《GB 20287—2006 农用微生物菌剂》
	（三）秸秆生物反应堆应用技术	秸秆生物反应堆技术是一项充分利用秸秆资源、显著改善农产品品质和提高农产品产量的现代农业生物工程技术，其原理是秸秆通过加入微生物菌种，在好氧的条件下，秸秆被分解为二氧化碳、有机质、矿物质等，并产生一定的热量。二氧化碳促进作物的光合作用、有机质和矿物质为作物提供养分，产生的热量有利于提高温度。秸秆生物反应堆技术按应用方式可分为内置式和外置式两种，内置式主要是开沟将秸秆埋入土壤中，适用于大棚种植和露地种植；外置式主要是把反应堆建于大棚内外	秸秆生物反应堆技术可有效改善大棚生产的微生态环境，见效快，适合于农户分散经营		适用于该技术的秸秆主要有玉米秸、麦秸、稻秆、豆秸、蔬菜藤蔓等	《DB21/T 1895—2011 棚室秸秆生物反应堆应用技术规程》

（续表）

技术类别	技术名称	技术内涵与技术内容	技术特征	技术实施注意事项	适宜秸秆	可供参照的主要技术标准与规范
一、秸秆肥料化利用技术	（四）秸秆堆沤还田技术	秸秆堆沤还田是秸秆无害化处理和肥料化利用的重要途径，将秸秆与人畜粪尿等有机物质经过堆沤腐熟，不仅产生大量可构壤肥力的重要活性物质——腐殖质，而且可产生多种可供作物吸收利用的营养物质如有效态氮、磷、钾等	可用于生产高质量的商品有机肥	秸秆堆沤还田技术的关键是调节好碳氮比、含水率、pH值、温度，控制好发酵条件，为微生物提供良好的生存环境	适用于该技术的秸秆主要有除重金属超标的农田秸秆外的所有秸秆	《NY 525—2012 有机肥料标准》《NY 884—2012 生物有机肥》
二、秸秆饲料化利用技术	（五）秸秆青（黄）贮技术	秸秆青（黄）贮技术又称自然发酵法，把秸秆填入密闭的设施里（青贮窖、青贮塔或裹包等），经过微生物发酵作用，达到长期保存其青绿多汁养分的一种处理技术的方法。青（黄）贮的原理是在适宜的条件下，通过给有益菌（乳酸菌等）提供有利的环境，使厌氧性微生物如腐败菌等保存留喜氧性微生物如霉菌等多种微生物，从而达到抑制和杀死多种微生物，活动减弱直至停止，保存饲料的目的，其关键技术包括青贮池建设、发酵条件控制等	青（黄）贮秸秆饲料具有营养损失较少、饲料转化率高、提高适口性，便于长期保存、去病减灾等优点		适于该技术的秸秆主要有玉米秸、高粱秸等	《GB/T 25882—2010 青贮玉米品质分级》《NY/T 2088—2011 玉米青贮收获机作业质量》《DB61/T 367.17—2005 青贮饲料调制和使用技术规范》《DB62/T 1438—2006 玉米秸秆青贮技术规范》《DB34/T 650—2006 青贮饲料技术规范》《DB51/T 667—2007 青贮玉米堆贮技术规范》《DB23/T 1097—2007 袋式青贮饲料生产工艺规范》《DB51/T 1084—2010 牛羊青贮饲料制作技术规程》

（续表）

技术类别	技术名称	技术内涵与技术内容	技术特征	技术实施注意事项	适宜秸秆	可供参照的主要技术标准与规范
二、秸秆饲料化利用技术	（六）秸秆碱化/氨化技术	秸秆碱化/氨化技术是指借助于碱性物质、使秸秆饲料纤维内部的氢键结合变弱，酯键或醚键破坏，纤维素分子膨胀，溶解半纤维素和一部分木质素，反刍动物瘤胃液易于渗入，瘤胃微生物发挥作用，从而改善秸秆饲料适口性，提高秸秆饲料采食量和消化率。秸秆氨化处理应用的碱性物质主要是氢氧化钙；秸秆氨化处理应用的氨性物质主要是液氨、碳铵或尿素。目前，我国广泛采用的秸秆碱化/氨化方法主要有：堆垛法、窖池法、氨化炉法和氨化袋法	秸秆碱化/氨化技术是较为经济、简便而又实用的秸秆饲料化处理方式之一		适用于该技术的秸秆主要有麦秸、稻秆等	《JB/T 7136—2007 秸秆化学处理机》《DB13/T 806—2006 秸秆氨化、碱化和盐化处理制作技术规程》《DB64/T 495—2007 氨化饲料调制技术规程》

（续表）

技术类别	技术名称	技术内涵与技术内容	技术特征	技术实施注意事项	适宜秸秆	可供参照的主要技术标准与规范
二、秸秆饲料化利用技术	（七）秸秆压块饲料加工技术	秸秆压块饲料加工技术是指将秸秆经机械铡切或揉搓粉碎，配混以必要的其他营养物质，经过高温高压轧制而成的高密度块状饲料或颗粒饲料	秸秆压块饲料具有体积小、比重大、方便运输；不易变质，便于长期保存；适口性好，采食率高，经济实惠等优点，被称为牛羊的"压缩饼干"或"方便面"，可作为商品饲料进行长距离运输，弥补饲草缺乏，特别是在应对冬季和夏季灾害原具有重要作用	秸秆压块饲料加工技术的关键是轧块机械，通过轧压产生高温高压，使秸秆物料熟化	适用于该技术的秸秆主要有玉米秸、麦秸、稻秸以及豆秸、薯类藤蔓、向日葵（秆、盘）等	《GB/T 26552—2011 畜牧机械粗饲料压块机》《GB/T 16765—1997 颗粒饲料通用技术条件》《GB/T 25699—2010 带式横流颗粒饲料干燥机》《NY/T 1930—2010 秸秆颗粒饲料压制机质量评价技术规范》

（续表）

技术类别	技术名称	技术内涵与技术内容	技术特征	技术实施注意事项	适宜秸秆	可供参照的主要技术标准与规范
二、秸秆饲料化利用技术	（八）秸秆揉丝化加工技术	秸秆揉丝揉搓化加工技术是通过对秸秆进行机械揉搓加工，使之成为柔软的丝状物，有利于反刍动物采食和消化的一种秸秆物理化处理手段	通过秸秆揉丝加工不仅分离了纤维素与木质素，而且丝较长，半纤维素与丝在反刍动物瘤胃内的停留时间，有利于秸秆能够延长其丝能够被反刍动物吸收，从而达到提高秸秆采食量和消化率的双重功效。秸秆揉丝加工是一种简单、高效、低成本的加工方式。秸秆揉丝加工的效率约为秸秆粉碎的1.2～1.5倍，经揉丝机加工的秸秆既可直接喂饲，也可进一步加工制作高质量的粗饲料	秸秆揉丝揉搓化技术的核心是秸秆揉搓机械	适用于该技术的秸秆主要有玉米秸、豆秸、向日葵秆等	《NY/T 509—2002 秸秆揉丝机》《DB23/T 905—2005 秸秆饲料揉碎质量》

（续表）

技术类别	技术名称	技术内涵与技术内容	技术特征	技术实施注意事项	适宜秸秆	可供参照的主要技术标准与规范
三、秸秆原料化利用技术	（九）秸秆人造板材生产技术	秸秆人造板材生产技术是秸秆经处理后，在热压条件下形成密实而有一定刚度的板芯，进而在板芯的两面覆以涂有树脂胶的特殊强韧纸板，再经热压而成的轻质板材。秸秆人造板材的生产过程可以分为三个工段：原料处理工段、成型工段和后处理工段。原料处理工段有输送机、开捆机、打松散，同时除去石子、泥沙及谷粒等杂质，使其成为干净合格的原料。成型工段有立式喂料器、冲头、挤压成型机和上胶装置等设备，是人造板材生产的关键工段。后处理工段有推出辊台、自动切割机、封边板、接板辊台及封口字和切断等设备，主要完成封边和切割制任务	秸秆人造板材可部分替代木质板材，用于家具制造和建筑装饰、装修，具有节材代木、保护森林资源的作用		适用于该技术的秸秆主要有稻秆、麦秆、玉米秸、棉秸秆等	《GB/T 21723—2008 麦（稻）秸秆刨花板》《GB/T 23471—2009 浸渍纸层压秸秆复合地板》《GB/T 23472—2009 浸渍胶膜纸饰面秸秆板》《GB/T 27796—2011 建筑用秸秆植物板材》

（续表）

技术类别	技术名称	技术内涵与技术内容	技术特征	技术实施注意事项	适宜秸秆	可供参照的主要技术标准与规范
三、秸秆原料化利用技术	（十）秸秆复合材料生产技术	秸秆复合材料生产技术是以秸秆为原料，添加竹、塑料等其他生物质或非生物质材料，利用特定的生产工艺，生产出可用于环保、木塑产品生产的高品质、高附加值功能性的复合材料。秸秆复合材料生产的工艺主要包括秸秆品质秸秆纤维粉体加工、秸秆改性物活化功能性生产纤维粉体制备、超临界秸秆碳基功能材料制备、秸秆/树脂强化型复合型材料制备、秸秆纤维轻质型复合型材料制备、生物质秸秆塑料制备	秸秆复合材料生产可部分替代木材生产纤维粉体、生物活化、高化性能材料、改性碳基功能材料、超临界纤维塑性材料、轻质复合型材等，具有木材代木、保护林木资源的作用		适用于该技术的秸秆包括大部分秸秆类别	《GB/T 29500—2013 建筑模板用木塑复合板》《GB/T 24137—2009 木塑装饰板》《GB/T 24508—2009 木塑地板》《LY/T1613—2004 挤压木塑复合材》《DB44/T349—2006 木塑复合材料技术条件》

(续表)

技术类别	技术名称	技术内涵与技术内容	技术特征	技术实施注意事项	适宜秸秆	可供参照的主要技术标准与规范
三、秸秆原料化利用技术	(十一)秸秆清洁制浆技术	秸秆清洁制浆技术主要是针对传统秸秆制浆效率低、水耗能耗高、污染治理成本高等问题，采用渐式备料、高硬度置换蒸煮+机械疏解+氧脱木素+封闭筛选等组合工艺，降低制浆蒸汽用量和黑液黏度，提高制浆得率和黑液提取率的制浆工艺	制浆废液通过浓缩造粒技术生产有机肥，使秸秆制浆过程中有机物和氮、磷、钾等微量元素等营养物质转化为有机肥料，或通过碱回收转化为生物能源，实现无害化处理和资源化利用		适用于该技术的秸秆主要有麦秸、稻草、稻秆、棉秆、玉米秸等	《HJ/T 317—2006 清洁生产标准造纸工业（漂白碱法蔗渣浆生产工艺）》《HJ/T 340—2007 清洁生产标准造纸工业（硫酸盐化学木浆生产工艺）》《HJ/T 339—2007 清洁生产标准烧碱法麦草浆生产工艺（漂白化学烧碱法麦草浆生产工艺）》

（续表）

技术类别	技术名称	技术内涵与技术内容	技术特征	技术实施注意事项	适宜秸秆	可供参照的主要技术标准与规范
三、秸秆原料化利用技术	（十二）秸秆木糖醇生产技术	秸秆木糖醇生产技术是指利用含有多缩戊糖的农业植物废料，通过化学法或生物法制取木糖醇的技术。目前，工业化木糖醇生产技术多采用化学催化加氢的传统工艺，富含戊聚糖的植物纤维原料，经酸水解及分离纯化得到纯化木糖，再经过氢化得到氢化木糖醇。化学法生产木糖醇有中和脱酸和离子交换脱酸两条基本工艺	高值化利用，玉米芯等农副产品，10～12吨左右玉米芯可生产1吨木糖醇		适用于该技术的秸秆主要有玉米芯、棉秆完整等	《GB 13509—2005 食品添加剂木糖醇》
四、秸秆燃料化利用技术	（十三）秸秆固化成型技术	秸秆固化成型技术是指在一定条件下，利用木质素充当黏合剂，将松散细碎的，具有一定粒度的秸秆挤压成型，形状规则的棒状、块状或散状燃料的过程。其工艺流程为：首先对原料进行粉碎，然后加入一定量水分进行调湿，对秸秆进行压缩成型，产品经过通风冷却后贮存。秸秆固化成型燃料可分为颗粒燃料、块状燃料和机制棒等产品	秸秆固化成型燃料热值与中质烟煤大体相当，具有点火容易、燃烧污染少、烟气污染、染易于整制、低碳、便于贮运等优点。秸秆固化成型燃料可为农村居民提供炊事、取		适用于该技术的秸秆主要有玉米秸、稻秆、麦秸、棉秆、油菜秆、烟秆、稻壳等	成型燃料及设备生产管理标准：《NY/T 1915—2010 生物质固体成型燃料术语》《NY/T 1878—2010 生物质固体成型燃料技术条件》《NY/T 1881—2010 生物质固体成型燃料试验方法》《NY/T 1879—2010 生物质固体成型燃料采样方法》《NY/T 1880—2010 生物质固体成型燃料样品制备方法》《NY/T 1882—2010 生物质固体成型燃料设备技术条件》《NY/T 1883—2010 生物质固体成型燃料成型设备试

（续表）

技术类别	技术名称	技术内涵与技术内容	技术特征	技术实施注意事项	适宜秸秆	可供参照的主要技术标准与规范
四、秸秆燃料化利用技术	（十三）秸秆固化成型技术		暖用能，也可以作为农产品加工业（如粮食烘干、烟草烘干、脱水蔬菜生产等）、农业设施（温室大棚）、养殖业等的供热燃料，还可作为工业锅炉、居民小区取暖锅炉和电厂的燃料			验方法》应用成型燃料的炉具生产管理标准：《NY/T 2369—2013 户用生物炊事炉具通用技术条件》《NY/T 2370—2013 户用生物炊事炉具性能试验方法》《NB/T 34006—2011 民用生物质固体成型燃料采暖炉具通用技术条件》《NB/T 34005—2011 民用生物质固体成型燃料采暖炉具试验方法》《NB/T 34007—2012 生物质炊事采暖炉具通用技术条件》《NB/T 34008—2012 生物质炊事采暖炉具试验方法》《NB/T 34009—2012 生物质炊事采暖炉具通用技术条件》《NB/T 34010—2012 生物质炊事烤火炉具试验方法》《NB/T 34015—2013 生物质炊事采暖大灶通用技术条件》《NB/T 34014—2013 生物质炊事大灶试验方法》地方标准：《DB13/T 1175—2010 生物质成型燃料》《DB11/T 541—2008 生物质成型燃料》

（续表）

技术类别	技术名称	技术内涵与技术内容	技术特征	技术实施注意事项	适宜秸秆	可供参照的主要技术标准与规范
四、秸秆燃料化利用技术	（十四）秸秆炭化技术	秸秆炭化技术是将秸秆经晒干、粉碎后，在制炭设备中，在隔氧或少量通氧的条件下，经过少氧（热解）、干馏、冷却等工序，将秸秆进行高温、亚高温分解，生成炭、木焦油、木醋液和燃气（等产品，故又较为"炭、气、等产品为"炭气和燃气（木焦油）"联产技术。当前较为实用的秸秆炭化技术又称为机制炭技术又称为生物炭机制炭是指秸秆粉碎后，利用螺旋挤压机成活炭冲压机的固化成型，过700℃以上的高温，在干馏缺氧热解中，得到固型炭制品。生物炭热技术又称为亚高温缺氧热解炭化技术，是指秸秆原料经过晾晒或烘干，以及粉碎层或使用炭化设备，装入炭化炉后，亚制氧气供应，在500~700℃条件下热解成炭	秸秆机制炭具有杂质少，易燃烧，热值高等特点，碳元素含量在80%以上，热值可达到每千克发24~28兆焦，可作为高品质的清洁燃气、也可进一步加工生产活性炭。生物炭呈碱性，很好地保留了细胞分室结构，可能备为土壤改良剂或炭基肥料，可实现培肥土壤和蓄肥提高化学肥料利用率、扩充农田炭库等方面有良好效果。另炭呈出效果，生物炭含量的碳元素一般在60%以上，（先炭固化成型固化）后，也可作为燃料使用	秸秆炭化适用于秸秆资源较为集中的村镇。两种技术均产出高品质燃气、木醋液和焦油等副产品，充分注重这些副产品的综合利用，可实现良好的工程效益。燃气可作燃料直接利用；木醋液可作为生物农药，用于农作物果蔬菜的病虫害防治；焦油可作为化工原料	适用于该技术的秸秆主要有玉米秸、油菜秸、棉秆、烟秆、稻壳等	《LY/T 1973—2011 生物质棒状成型炭》《GB/T 17664—1999 木炭和木炭试验方法》

（续表）

技术类别	技术名称	技术内涵与技术内容	技术特征	技术实施注意事项	适宜秸秆	可供参照的主要技术标准与规范
	（十五）秸秆沼气生产技术	秸秆沼气生产技术是在严格的厌氧环境条件和一定的温度、水分与酸碱度等条件下，秸秆经过沼气细菌发酵，产生沼气的技术。按照使用规模和形式分为户用和规模化秸秆沼气工程两大类。目前我国常用的秸秆沼气工艺主要有全混流式厌氧消化工艺、全混合自载流式厌氧消化工艺、竖向推流式厌氧消化工艺、一体两相式厌氧消化工艺、车载式干发酵工艺、覆膜槽式干发酵工艺等	秸秆沼气是可品位的清洁能源，可供居民用于户用工业炉灶小区和居民供燃气炉灶。沼气净化提纯后成为天然气，可作为汽车燃料或并入城镇天然气管网	秸秆沼气生产技术的关键是秸秆预处理，厌氧颗粒污泥培养及稳定、提高厌氧消化效率的高效经济厌氧反应器制备等	适用于该技术的秸秆主要有玉米秸、豆秸、麦秸、稻秸、薯类茎秆、花生秧、蔬菜藤蔓和尾菜等	《GB/T 30393—2013 制取沼气秸秆预处理复合菌剂》《NY/T 2141—2012 秸秆沼气工程施工操作规程》《NY/T 2373—2013 秸秆沼气工程运行管理规范》《NY/T 2372—2013 秸秆沼气工程质量验收规范》《NY/T 2142—2012 秸秆沼气工程工艺设计规范》
四、秸秆燃料化利用技术	（十六）秸秆纤维素乙醇生产技术	秸秆纤维素乙醇生产是目前秸秆能源化利用的高新技术之一。秸秆降解液化是秸秆以秸秆纤维素乙醇生产的主要原料，经过预处理、微生物或酸水解、发酵、乙醇提浓等工艺。秸秆生产燃料乙醇技术的关键工艺包括原料预处理、水解和废水处理。预处理工艺包括物理法、化学法、生物法和酶水解法；水解工艺包括酸水解法、发酵工艺、生物直接发酵法、同步糖化和发酵工艺、同时糖化和发酵工艺、五碳糖的发酵工艺、固定化细胞发酵等	秸秆纤维素乙醇生产可代替工业乙醇，直接替代部分所需消耗的大量粮食，安全，全具有重大国家和粮食的战略意义	采取醇烷联产可提高有效利用秸秆和工程的经济效益	适用于该技术的秸秆主要有玉米秸、稻秆、麦秸、高粱秆等	《GB/T 16663—1996 醇基燃料》《NY 311—1997 醇基民用燃料》《GB/T 23510—2009 车用燃料甲醇》

（续表）

技术类别	技术名称	技术内涵与技术内容	技术特征	技术实施注意事项	适宜秸秆	可供参照的主要技术标准与规范
四、秸秆燃料化利用技术	（十七）秸秆热解气化技术	秸秆热解气化技术是利用气化装置，以氧气（空气、富氧气或纯氧）、水蒸气或氢气等作为气化剂，在高温条件下，将秸秆部分转化为可燃气的过程。秸秆热解气化炉的基本原理是秸秆原料进入气化炉后被干燥，随温度升高析出挥发物，在高温下热解（干馏）。热解后的气体和炭在气化炉的氧化区与气化介质发生氧化反应并燃烧，使较高质量分量的有机碳氢化合物的分子链断裂，最终生成了较低分子量的 N_2、CO、H_2、CO_2、CH_4、C_nH_m 等物质的混合气体，其中以 CO、H_2、CH_4 为主要的可燃气体。按照运行方式的不同，秸秆气化炉分为固定床气化炉和流化床气化炉。固定床气化炉又分为上吸式、下吸式、横吸式和开心式等。流化床气化炉又分为鼓泡床、循环流化床、双床、携带床等	秸秆热解气化产出的气体产品经过净化后，可用于村镇集中供气，也可为工业锅炉和居民小区锅炉提供燃气	气化炉是秸秆热解气化的主体设备	适用于该技术的秸秆主要有玉米秸、麦秸、稻秸、稻壳、棉秆、油菜秆等	《NY/T 443—2001 秸秆气化供气系统技术条件及验收规范》《NY/T 09—2005 生物质气化集中供气站建设标准》《NY/T 1017—2006 秸秆气化装置和系统测试方法》《NY/T 1417—2007 秸秆气化炉质量评价方法》《NY/T 1561—2007 秸秆燃气灶》《NB/T 34004—2011 生物质气化集中供气净化装置性能测试方法》《NB/T 34011—2012 生物气污水处理装置技术规范》

（续表）

技术类别	技术名称	技术内涵与技术内容	技术特征	技术实施注意事项	适宜秸秆	可供参照的主要技术标准与规范
四、秸秆燃料化利用技术	（十八）秸秆直燃发电技术	秸秆直燃发电技术主要是以秸秆为燃料，直接燃烧发电。其原理是把秸秆送入特定蒸汽锅炉中，生产蒸汽，驱动蒸汽轮机，带动发电机发电。秸秆直燃发电技术的关键包括秸秆预处理技术、蒸汽锅炉的多种原料适用性技术、蒸汽锅炉的高效燃烧技术、秸秆发电蒸汽锅炉的防腐蚀技术、秸秆发电的动力机械系统可分为汽轮机发电技术、蒸汽机发电技术和蒸汽发动机发电技术等	秸秆直燃发电技术优势是秸秆消纳量大，环境较为友好	热电联产是提高秸秆能源转换率、热效率和经济效益的关键技术组合	适用于该技术的秸秆主要有玉米秸、麦秸、稻秸、棉秆、稻壳、油菜秆等	《GB 50762—2012 秸秆发电厂设计规范》《GB/T 6423—1995 热电联产系统技术条件》
五、秸秆基料化利用技术	（十九）秸秆基料化利用技术	秸秆基料化利用技术主要是利用秸秆食用菌栽培草腐菌类和利用秸秆栽培木腐菌类两大技术。利用秸秆生产的草腐菌主要有双孢蘑菇、草菇、鸡腿菇、平菇、球盖菇等；木腐菌主要有香菇、金针菇、茶树菇等。秸秆食用菌生产的木腐菌主要技术环节主要有菇房的预处理、培养料的预处理、前发酵、后发酵、接种、发菌期管理、出菇期管理、采收与贮运等。主要设备包括粉碎机、发酵隧道、拌料机、装袋机、接种箱、菇房（大棚）等	利用秸秆基料栽培种料腐菌技术成熟、资源效益和经济效益较高，利用秸秆种植优质食用菌可保障国民饮食质量安全，利用秸秆部分或全量替代木腐菌，具有节约木资源的作用	我国大部分地区都可利用秸秆生产食用菌，没有严格地域性要求	适用于该技术的秸秆主要有稻秸、玉米秸、麦秸、豆秸、棉秆、油菜秆、麻秆、花生壳、向日葵秆等	《NY 5099—2002 无公害食品食用菌栽培基质安全技术要求》《NY/T 2064—2011 秸秆栽培食用菌霉菌污染综合防控技术规范》《NY/T 2375—2013 食用菌生产技术规范》